Ingo Sens

Rostock als Kraftwerksstandort

Chronik des Steinkohlekraftwerks

Ein Beitrag zur
Technikgeschichte der Region

Neuer Hochschulschriftenverlag
Rostock

Inhaltsverzeichnis

Vorwort

Einleitung

Teil I:
Von der Warnemünder Bädercentrale zum modernen Kraftwerk.
Rostock als Kraftwerksstandort
1. Von den Anfängen der Stromversorgung in der Stadt Rostock
2. Die elektrische Centrale im Ostseebad Warnemünde.
   Das erste öffentliche Elektrizitätswerk in Rostock
3. Das Gleichstromwerk in der Bleicherstraße
4. Zwischen Rostock und Warnemünde. Die Kraftwerke in Bramow und Marienehe

Teil II:
Das Steinkohlekraftwerk in Rostock und die Kraftwerks- und Netzgesellschaft
1. Ausgangslage. Zur Energiesituation der DDR in den späten 80er Jahren
2. Die Gründung der Kraftwerks- und Netzgesellschaft
3. Planung und Bau des Kraftwerkes
4. Das Kraftwerk in Betrieb

Ausblick

Anhang
Anlage 1: Kleine Chronologie – Rostock als Kraftwerksstandort
Anlage 2: Vereinbarung (über die Errichtung einer elektrischen Centrale in
           Warnemünde) zwischen der Stadt Rostock
           und dem Maurermeister Heinrich Oloffs vom 22. Mai 1895 - Auszüge -
Anlage 3: Zeitungsberichte über das Warnemünder Elektrizitätswerk (1895)
Anlage 4: Biographische Skizze. Heinrich Oloffs
           (1853 - 1933) - Gründer der Warnemünder Centrale
Anlage 5: Zeitgenössische Beschreibung des Städtischen Elektrizitätswerkes
           in der Bleicherstraße
Anlage 6: Biographische Skizze. Georg Klingenberg (1870 - 1925)
Anlage 7: Die Elektricitäts-Lieferungs-Gesellschaft, Berlin, im Grundriß
Anlage 8: Das Märkische Elektricitätswerk, Berlin, im Grundriß
Anlage 9: Firmensteckbrief: Die PreussenElektra AG, Hannover
Anlage 10: Firmensteckbrief: Die Bayernwerk AG, München
Anlage 11: Firmensteckbrief: Die RWE Energie AG, Essen
Anlage 12: Firmensteckbrief: Die VEAG, Berlin
Anlage 13: Firmensteckbrief: Die e.dis Energie Nord AG, Fürstenwalde
Anlage 14: KNG-Presseinformation vom 28. Mai 1991 - Genehmigung
           für Kraftwerk Rostock erteilt - Bauarbeiten beginnen am 3. Juni

Auswahlbibliographie

Abkürzungen

Anmerkungen

VORWORT

In Zeiten eines radikalen Wandels und sich selbst überholender Prozesse, d.h. Entwicklungen, die man zwar miterleben kann oder muß, aber deren Ende und Ergebnisse nicht oder nur schwer erkennbar sind, ist der Blick in die Geschichte oft die einzige Möglichkeit sich seiner Existenz zu versichern.

Es gibt Traditionen, die sich dem öffentlichen Bewußtsein entziehen. Sie wurden ganz einfach verschüttet. Die Gründe dafür scheinen meist vielfältig. Häufig sind es aktuelle Kontroversen, die uns die Vergangenheit vergessen lassen. Dabei ist der Rückgriff auf diese oftmals ein wichtiges Hilfsmittel, um in der Diskussion der Gegenwart zu bestehen. Natürlich – Geschichte allein löst kein gegenwärtiges Problem. Sich aber auf das Herkommen zu besinnen, läßt viele Dinge in einem anderen Lichte erscheinen.

Am 1. Oktober 1994 beginnt das neuerrichtete Steinkohlekraftwerk im Rostocker Seehafen mit dem Dauerbetrieb. Die Betriebsführung dieses Kraftwerkes liegt in den Händen der **Kraftwerks- und Netzgesellschaft mbH**, Berlin. Dieses Unternehmen, mit der Aufgabe Energie zu erzeugen und zu verteilen, wird im Frühjahr 1990 als joint-venture ost- und westdeutscher Firmen gegründet. Das Steinkohle-Kraftwerk Rostock hat damit *seinen* Platz in der Tradition der öffentlichen Stromversorgung in Rostock.

Die ersten Schritte finden wir im Sommer des Jahres 1895 im zur Stadt gehörenden Ostseebad Warnemünde, wo ein vorausschauender Bauunternehmer das erste öffentliche Elektrizitätswerk Rostocks und auch Mecklenburgs in Betrieb nimmt. Der Aufschwung dieses Werkes ist so erfolgreich, daß es wegweisend für die Weiterentwicklung der Elektrizitätsversorgung in unseren Regionen wird. Es folgen bald das städtische Elektrizitätswerk in der Bleicherstraße (*1900) und die Überlandzentrale in Bramow (*1911).

Kurzzeitig unterbrochen durch den I. Weltkrieg und die Nachkriegsjahre, ist die Entwicklung der stetig steigenden Stromerzeugung in Rostock von 1895 bis 1944 eine Erfolgsgeschichte. Wobei die Jahre nach 1933 durch den gewaltigen „Stromhunger" in der Rüstungsindustrie und durch die Kriegsvorbereitungen, die zum II. Weltkrieg führen, bestimmt sind.

Beginnend in den letzten Kriegsmonaten und besonders nach Ende des Weltkrieges setzt eine wechselvolle Entwicklung ein. Sie ist zunächst bestimmt durch die Kriegszerstörungen, die Demontagen der sowjetischen Besatzungsmacht und den Wiederaufbau in den späten 40er und frühen 50er Jahren. Ihre eigentliche Prägung erhält die Rostocker Energieerzeugung allerdings durch die schrittweise Einbindung in die Staats- und Planwirtschaft der DDR.

Dabei ist die labile Versorgungssituation besonders in den Wintermonaten ein bleibendes Merkmal. Alle Änderungen in Organisation und Struktur der DDR-Energieversorgung können diese Schwierigkeiten nicht dauerhaft beseitigen. In diesem Zusammenhang entsteht um 1970 das Heizkraftwerk Marienehe. Als letztes Vorhaben plant man in den späten 80er Jahren ein weiteres Heizkraftwerk in Poppendorf, östlich von Rostock, das aber aufgrund nicht vorhandener Investitionsmittel scheitert. Schließlich greift man in den Tagen der „Wende" 1989/90 dieses Projekt vom Prinzip her wieder auf, und entwirft die Idee eines modernen Steinkohlekraftwerkes im Überseehafen. Dieses Planvorhaben unterscheidet sich von den vorhergehenden in fast allen Punkten, vor allem aber in der Tatsache, daß es Realität wird. So liegt der Projektstart zum „Steinkohlekraftwerk Rostock" noch in den letzten Tagen der DDR.

Der Geschichte können wir uns vergewissern. Das geschieht in Form der nachfolgenden Seiten. Wie sich allerdings die Energieversorgung unter den Bedingungen eines liberalisierten Marktes weiter entwickeln wird, ist offen.

Eine kaum zu übertreffende Dynamik läßt zum Zeitpunkt des Niederschreibens aktueller Sachverhalte, diese schon wieder überholt sein. So ändert sich im Augenblick der Formulierung der letzten Sätze die Struktur der Eigentümer des Kraftwerkes und der Gesellschafter der KNG. Dementsprechend manifestiert sich im zeitgenössischen Teil dieser Chronik auch schon wieder Geschichte.

Unser Dank für die Erstellung des vorliegenden Buches geht an die ERNST-ALBAN-GESELLSCHAFT FÜR MECKLENBURGISCH-POMMERSCHE WISSENSCHAFTS- UND TECHNIKGESCHICHTE, insbesondere an den Autor, Herrn Dr. Sens, der mit Akribie alle notwendigen Daten dieses umfassenden Werkes recherchiert und zusammengetragen hat.

Rostock, im April 2000

Kraftwerks- und Netzgesellschaft mbH

Einleitung

> Die neueste Errungenschaft, eine von weittragender Bedeutung für Warnemünde, bildet die Einführung der elektrischen Beleuchtung des Ortes und seiner entzückenden Anlagen, welche in regulärer Weise am gestrigen Sonnabend erfolgt ist, nachdem bereits am verflossenen Dienstag Abend die nächste Umgebung des beliebten Restaurants „Schweizerhaus" (...) zum ersten Male im Lichte von vier elektrischen Bogenlampen erstrahlte und dem hierzu überaus zahlreich erschienenen Publikum Gelegenheit gab zur Anstellung von Vergleichen mit anderen Beleuchtungsarten. <1895>1

Diese neueste Errungenschaft war nicht nur für das an der Mündung des kleinen mecklenburgischen Flusses Warnow gelegene und der Stadt Rostock gehörende, aufstrebende Ostseebad Warnemünde von weittragender Bedeutung. Bekanntlich war auch hierzulande das elektrische Licht der wichtigste Wegbereiter dieser – damals neuen – Energieform Elektricität.

Und als hätte es der eingangs zitierte Autor erahnt[2], zeigte dieses Ereignis nicht nur den Beginn der **öffentlichen** Elektrizitätsversorgung in Mecklenburg an; vielmehr begann im Agrarland Mecklenburg mit diesem Schritt, der tatsächlich bald Epoche machen sollte, ebenfalls ein längerdauernder, tiefgreifender Modernisierungsschub, der selbst – deutschlandweit betrachtet – Teil der sog. „Zweiten industriellen Revolution" war.[3]

Noch konzentrierte sich dieser Prozeß auf den städtischen Raum Mecklenburgs. Doch einige Jahre später finden wir die Anfänge der Elektrifizierung der Landwirtschaft – d.h. der Güter und Dörfer. Und wieder ist Rostock ein wichtiger Ausgangspunkt der Entwicklung.

Mittlerweile ist die Elektrizität selbst im entferntesten Winkel unserer Heimat so alltäglich, daß sie sich fast dem Bewußtsein entzieht. Es sei denn, die Stromversorgung bricht – wie in jenem Katastrophenwinter 1978/79 – flächendeckend zusammen. Allzuschnell vergißt man, daß unsere hochentwickelte Gesellschaft wesentlich auf Produktion und Anwendung des elektrischen Stromes beruht. Die Vorstellung seiner Abwesentheit eröffnet ein schreckliches Szenario. Es würde dem postmodernen Menschen äußerst schwerfallen, unter Verzicht auf Strom den gewöhnlichen Alltag auch nur annähernd zu bewältigen. Doch vor 100 Jahren war die Nutzung dieser Energieform eine ganz neue und aufregende, ja spannende Angelegenheit.

Indes wer denkt bei der Frage Geschichte der Elektrizitätsversorgung schon an Rostock? Eher assoziiert man im Zusammenhang „Industrie und Rostock" die Stadt mit Werften, Hafen, Handel und Seefahrt, vielleicht noch mit dem Bau modernster Flugzeuge vor vielen Jahren. Aber Stromversorgung ... ? Hatte diese denn – zweifelsohne war sie ja vorhanden – eine über die Stadtgrenzen hinausgehende Bedeutung ... ?

Oben deutete sich die Antwort schon an: Ja! Eindeutig – Ja. Rostock ist seit langem ein regionales Zentrum der Energiewirtschaft. Allerdings ist diese Tradition, wenn auch im Verlauf der Jahrzehnte mit oszillierender Relevanz, eher im Bereich der Produktion – Kraftwerke – als in der Verwaltungssphäre zu finden. Wurde doch seit dem Sommer 1895 kontinuierlich mehr oder weniger Strom für den öffentlichen Verbrauch produziert, einige Tage nach Ende des II. Weltkrieges einmal ausgenommen. Zwar war die Stadt viele Jahre auch ein Verwaltungssitz regionaler Energieversorger. Indessen gab es in dieser Hinsicht Unterbrechungen in der Tradition: Wie in den Jahren 1933 - 1950/51, als die Verwaltungszentren der regionalen Elektrizitätsversorgung anderenorts zu finden waren, oder nun seit dem 1. Juni 1999.

Mit der Eröffnung des Elektrizitätswerkes in Warnemünde begann die genannte Entwicklung, die sich in der Gegenwart nicht nur im Steinkohlekraftwerk Rostock fortsetzt, sondern in diesem auch einen (vorläufigen) Höhepunkt erreicht.

Glaubt man nun Zeitungsartikeln aus der ersten Hälfte der 1990er Jahre, dann ist für die öffentliche Meinung dieses Kraftwerk vom Himmel gefallen, aber kein Geschenk desselben. Dabei kann es auf eine lange Vorgeschichte zurückblicken – der Tradition Rostocks als Kraftwerksstandort.

Und aus diesem Grunde seien, bevor wir zum seit 1994 produzierenden Steinkohlekraftwerk selbst kommen, seine Vorläufer etwas näher vorgestellt. Als da sind:

- das Elektricitätswerk Warnemünde (1895 - 1911)
- die Elektrische Centrale in der Bleicherstraße (1900 - 1923)
- die Ueberlandcentrale Rostock – das Kraftwerk/Heizkraftwerk Bramow – (1911 - 1991/98) und
- das Heizkraftwerk Rostock-Marienehe (1971/74 - 1996/97)

Dabei eröffnet sich nebenbei ein interessantes Kapitel lokaler und regionaler Technik- und Industriegeschichte.

Von der Warnemünder Bädercentrale zum modernen Kraftwerk.
Rostock als Kraftwerksstandort

I.
Von den Anfängen der Stromversorgung in der Stadt Rostock

Sieht man von electrischen, galvanischen und magnetischen Versuchen an der hiesigen Universität, einigen Schaustellern auf verschiedenen Jahrmärkten, die mit Elektrisiermaschinen und elektrischen Lampen Aufsehen erregen wollten bzw. von Versuchsvorführungen mit elektrischem Licht (wahrscheinlich auf Basis Galvanischer Elemente) im Hafen um 1880 ab, dann begann die zielgerichtete Nutzung des Stromes in Rostock 1882/83 mit der Errichtung einer Lichtanlage – Jahre später spricht man etwas übertrieben von einem Kraftwerk – im Säge- und Hobelwerk Jürß & Crotogino.[4] Bald folgten weitere, so im Winter 1886 die nachstehend Beschriebene. Und die Dinge nahmen, zunächst mit Duldung und schließlich mit dem Segen der Stadtverwaltung, ihren Lauf.

Diese Entwicklung war gleichzeitig Teil der die Verhältnisse umstülpenden Transformation der Elektricität von der blinden Natur – zur nutzbringenden Kulturkraft in Deutschland.

Diese, hier etwas ausführlicher wiedergegebene, zeitgenössische Darstellung liefert einen guten Einblick in Aufbau, Funktionsweise und Resonanz solcher frühen Anlagen der Stromerzeugung und -nutzung. *In der Raths- und Universitäts-Buchdruckerei von Adler's Erben hieselbst ist, besonders in Rücksicht auf die Gesundheitsverhältnisse des Geschäftspersonals, die Erleuchtung durch electrisches Glühlicht nach dem System Edison eingeführt. Die nothwendigen Anlagen für die neue Beleuchtungsart, welche sich auf sämmtliche Geschäfts- und Privaträume der Gebäude erstrecken, sind in den letzten Tagen vollständig zu Ende geführt. ... Ein Dynamo der Firma Siemens & Halske, für 130 Lampen bestimmt, speist ... alternativ 150 derselben, die theils in den Geschäftsräumen vertheilt sind, theils der im Hause befindlichen Privatwohnung des Besitzers ihr mildes Licht spenden. Die erzeugte Electricität, ein Induktionsstrom, theilt sich an einem sauber disponierten Schaltbrett in die verschiedenen Hauptleitungen, deren jede, abschlußfähig, durch einen leichten Handdruck unter Licht gesetzt resp. stromlos gemacht werden kann. Diese Hauptleitungen sind, für jedes Beleuchtungsfeld getrennt, frei aufliegend durch den Maschinenraum hindurch in das Gebäude geführt; in den ganzen überall isolirten Leitungen sind Sicherheitseinschaltungen vertheilt, um jede Feuersgefahr auszuschließen. ... Ein Spannungsmesser zur Kontrolle des jeweiligen Grades der Lichtstärke und einige Signaleinrichtungen zum Anzeigen von Spannungsabweichungen wurden ebenfalls eingebaut. Die Normalspannung, also ein gleichmäßiges Licht, wird durch einen verstellbaren Widerstandsapparat erhalten, auch tragen dazu die Accumulatoren bei, die in einem Vorkeller, am Maschinenraum, ihre Aufstellung erhielten. Diese neuartigen Apparate ... speichern die Electricität auf und dienen einerseits, je nachdem sie sich bei Minderbedarf an Licht füllen, bei Mehrbedarf zeitweise wieder entleeren, als vollkommener Regulator für das Licht und gleichen so ohne Lichtschwankung Unregelmäßigkeiten im Gange der Maschine aus, andererseits besorgen sie bei stillgelegter Maschine die Nachtbeleuchtung mit ca. 20 bis 30 Glühlampen auf 9 - 10 Stunden, zu welchem Zwecke sie in den Morgenstunden besonders geladen werden. Diese Apparate, 55 Glaskästen mit ihrer Electricität aufnehmenden inneren Einrichtung sind die ersten derartigen Apparate in Mecklenburg.*[5]

Es blieb nicht nur bei dem Erfolg in den Medien: Wenige Wochen danach äußerten verschiedene Nachbarn ihr reges Anschlußinteresse. Elektrisches Licht war „in". Neben den genannten hygienischen Gründen, sprachen noch die Helligkeit (Lichtausbeute) und die Stetigkeit sowie die erheblich verringerte Feuergefahr **für** die neue Beleuchtungsart und **gegen** das Gaslicht.

Schritt für Schritt errichteten dann viele Unternehmen (z.B. die Brauerei Mahn & Ohlerich) – aber auch die Stadt selbst im 1895 neu erbauten Theater – Eigenerzeugungsanlagen. Eine Reihe von diesen entwickelten sich zu sog. Blockstationen, die mehrere Abnehmer einer Straße, eines Häuserblocks oder eines Quartiers mit Strom versorgten. Es gab aber auch Blockstationen, die ausdrücklich und von vornherein für mehrere Abnehmer konzipiert und errichtet wurden, z.B. die der Fa. Tischbein & Schwiedeps. Einige ihrer Betreiber erhielten sogar die Genehmigung der städtischen Obrigkeit, öffentliche Straßen und Plätze mit Leitungen zu queren.

Viele solcher elektrischer Lichtanlagen lassen sich in besseren Hotels, wie das Hotel Fürst-Blücher in der Blücherstraße und Restaurants, so das Restaurant Viehweg am Neuen Markt, nachweisen. Hier kam

Aus: Warnemünder Bade-Anzeiger. Organ der Badeverwaltung, 11. Jg. <1894>

zu den bereits genannten Gründen die Werbewirkung hinzu.

Rückblickend war **der** Höhepunkt dieser Frühphase die in Rostock stattfindende zweite Mecklenburgische Landes-Gewerbe- und Industrie-Ausstellung 1892. Deren Beleuchtung ... *war eins der Momente, durch welche sie sich von ihrer Schweriner Vorgängerin im Jahre 1883 vortheilhaft unterschied. Die 1892er Ausstellung war die erste Mecklenburgs, die ganz in elektrischem Licht erstrahlte, und ihre Beleuchtung war in doppeltem Sinne eine ihrer glänzenden Seiten.*[6] Die Erzeugung des benötigten Gleich-Stromes erfolgte durch verschiedene Dampfmaschinen mit den dazugehörigen elektro-technischen Apparaturen.

Diese Ausstellung war eine vortreffliche Reklame für das moderne elektrische Licht. Zwar sollte es noch einige Jahre dauern, aber sie stellte – zurückschauend betrachtet – endgültig die Weichen zugunsten der Elektrizität als **der** kommenden Energieform. Und in Rostock hob gleichzeitig eine umfassende Diskussion über die Errichtung eines öffentlichen E-Werkes an.

Wie wir allein anhand dieser wenigen Beispiele ersehen können – sie ließen sich noch beliebig fortsetzen – war die Stadt Rostock bereits **vor** 1900 nicht ohne Strom.

Der Anfang der öffentlichen Stromversorgung wurde allerdings nicht in der eigentlichen Stadt sondern an ihrer Peripherie gemacht.

Aus: Warnemünder Bade-Anzeiger. Organ der Badeverwaltung, 11. Jg. <1894>

Münchener und Pilsener Bier.

Rostock i. M.

Restaurant VIEHWEG

☞ **Neuer Markt.** ☜

Elegant eingerichtetes **Restaurant** des altrenommirten **Hôtel de Russie**, enthaltend Zimmer im Renaissance-, romanischen und Rococco-Stil.

Electrisches Licht.   Fontaine im Renaissance-Zimmer.

☞ **Weine** ☜
zu en-gros-Preisen mit nur geringem Aufschlag.

Reichhaltige **Frühstückskarte** zu kleinen Preisen.

☞ **Diner** ☜
von Mark 1,50 an von 1 bis 3 Uhr.

II.
Die elektrische Centrale im Ostseebad Warnemünde.
Das erste öffentliche Elektrizitätswerk in Rostock

In den Grenzen des heutigen Rostock nahm 1895 die erste elektrische Centrale – Centralstation –, so nannte man seinerzeit öffentliche Elektrizitätswerke im Unterschied zu den genannten Blockstationen, in dem einige Kilometer vor ihren Toren liegenden aber der Stadt gehörenden Ostseebad Warnemünde den Betrieb auf. Diese war gleichzeitig das erste Werk ihrer Art in Mecklenburg.

Der durch die wirtschaftliche Blüte Deutschlands geförderte Fremdenverkehr[7] stellte dabei das ökonomische Fundament, auf dem sich dieses Unterfangen entwickeln konnte.

Der am Ort ansässige Bauunternehmer Heinrich Oloffs nutzte seine Erfahrungen im Umgang mit modernen Maschinen, die berechtigten Aussichten auf Fortdauer der Konjunktur des Badebetriebes und nicht zuletzt eigenes Kapital für Errichtung und Unterhaltung dieser elektrischen Centrale. Zahlreiche vornehme Hotels, Pensionen und bessere Restaurants mit ihrer wohlhabenden, einigen Luxus gewöhnten und verlangenden Kundschaft – Berliners, wie sie der Einheimische nannte – versprachen eine gute Rentabilität der Unternehmung. Förderlich kam außerdem das Fehlen einer Gasversorgung in Warnemünde hinzu. Da sich der Fremdenverkehr auf die warmen Monate konzentrierte, mußte für die dunkle Jahreszeit ein wenigstens annähernder Ausgleich geschaffen werden. Dieser ermöglichte sich in Gestalt einer elektrischen und von der Rostocker Stadtverwaltung ausdrücklich gewünschten Straßenbeleuchtung[8], die bald die wichtigsten Straßen und Plätze erhellte.

Nach einigen, wohl auch zähen, Verhandlungen kam es mit Datum vom 22. Mai 1895 zu einem Vertrag zwischen der Stadt Rostock und dem Unternehmer. Dieser Kontrakt vereinbarte neben einer 30jährigen Konzession zur alleinigen Versorgung des Seebades mit Strom durch den Betreiber, daß dieser das E-Werk auf eigenes Risiko bei allerdings sehr günstigen Konditionen seitens der Stadt, u.a. brauchte er keine sonst üblichen Konzessionsabgaben zu zahlen, zu errichten und zu betreiben hatte.

Die Regelungen sahen im übrigen vor, *binnen 3 Monaten nach Genehmigung dieses Vertrages durch Rath und Bürgerschaft der Stadt Rostock das Werk betriebsfähig herzustellen.*[9] Unverzüglich wurden die Bauarbeiten aufgenommen. Fristgerecht, Mitte August 1895 – zur Hochsaison – lieferte die Centrale dann erstmalig ihren Strom in das gleichzeitig errichtete Freileitungsnetz.

Erbaut auf einem Grundstück in unmittelbarer Nähe des zentralen Kirchenplatzes lag dieses E-Werk – naturgemäß ein Gleichstromwerk – recht günstig zu allen Abnehmern.

Wenige Jahre später – 1902 – die Centrale war bereits aufgrund ihres vorteilhaften Gedeihens verschiedentlich erweitert worden[10], beschrieb der Direktor des inzwischen gegründeten Rostocker Elektrizitätswerkes (*1900) jene wie folgt in seinem

> **Warnemünder**
> **Electricitätswerke.**
> Besitzer: **H. Oloffs**, Maurermstr.
> Wohnung und Bureau: Am Kirchenplatz 4.
>
> Stromabgabe zu Beleuchtungs- u. Betriebszwecken. — Installirung der hierzu erforderlichen Anlagen.
>
> Stylvolle Ausführung architectonischer Bauten.
>
> Dampfsägerei, Hobelwerk und Holzbearbeitungsfabrik.
>
> Holz- und Baumaterialienhandlung.
> Lagerplatz am Bahnhofe.

Warnemünder Adreß-Buch (1896), Warnemünde 1896

Gutachten
über
die dem Maurermeister Herrn Oloffs
gehörige elektrische Centrale
in Warnemünde

Auf Ersuchen des löblichen Direktoriums der Gas-, Wasser- und Elektricitätswerke unterzog ich das Elektricitätswerk in Warnemünde am 24. v.M. einer eingehenden Revision und erlaube mir unterstehend über das Resultat derselben zu berichten:

Die Maschinenstation besteht aus 2 stationären Wolf'schen Lokomobilen, welche mittels Riemen und gemeinsamer Transmission auf 3 in einem daneben liegenden Raum aufgestellte Gleichstrom-Nebenschlußdynamos arbeiten, außerdem ist eine zweite Transmission parallel zur ersten verlegt, auf welche im Falle eines Defektes an der Haupttransmission wenigstens eine Lokomobile und zwei Dynamos geschaltet werden können, auf diese Weise ist die Betriebssicherheit der Anlage wesentlich erhöht.

Die Lokomobilen sind noch in gutem Zustand, die eine derselben ist mit Condensation ausgestattet und leistet normal 75 PS, maximal während 2 Stunden 110 PS. Die andere Lokomobile leistet normal 50 PS und maximal während 2 Stunden 85 PS.

Von den 3 Dynamomaschinen, welche sich ebenfalls in gutem Zustande befinden, sind 2 Fabrikate der Firma Schuckert in Nürnberg und jede derselben leistet ca. 145 Amp. bei 220 Volt, der dritte, welcher erst seit Jahresfrist im Betriebe ist und Fabrikat der Allgemeinen-Elektricitäts-Gesellschaft Berlin ist, leistet ca. 200 Amp. bei 220 Volt.

Außer diesen 3 Dynamomaschinen ist eine Batterie aufgestellt, welche bei 3stündiger Entladung 113 Amp. bei 220 Volt leistet, dieselbe ist auch erst im vorigen Jahr teilweise erneuert, sodaß sie sich augenblicklich in durchaus betriebssicherem Zustande befindet. Die Schaltanlage, welche mit den Dynamomaschinen in einem Raume untergebracht ist, besitzt die für ein sicheres Funktionieren der Dynamos und der Batterie erforderlichen Schalt-, Meß- und Regulierapparate, die Verbindungsleitungen hinter der Schalttafel sind jedoch teilweise nicht sorgfältig genug verlegt und gerade eine Störung in diesen Leitungen kann den Betrieb der ganzen Anlage gefährden, es ist daher notwendig, daß hier eine Abänderung *vorgenommen wird. Außerdem ist zu bemängeln, daß sämmtliche von der Schalttafel aus in die einzelnen Strassen führenden Speiseleitungen des Privatnetzes an der Schalttafel nur durch die Sicherungen einzeln abschaltbar sind. Im Falle einer größeren Störung im Oberleitungsnetz ist auf diese Weise kaum möglich in der Station die defekten Speiseleitungen abzuschalten und wenigstens einen Teil des Netzes unter Strom zu lassen.*

Es müßte mindestens die bereits bis zum Gelände des neuen Bahnhofes verlegten Speiseleitungen an der Schalttafel einen besonderen Ausschalter erhalten.

Nach Aussage des Herrn Maurermeisters Oloffs betrug die maximale gleichzeitige Stromabgabe während der letzten Badesaison ca. 400 Amp. bei 220 Volt und Straßenbeleuchtung und in den Wintermonaten ein Maximum von 150 Amp. bei 220 Volt. In der Maschinenstation können als weitere Reserve 620 Amp. bei 220 Volt abgegeben werden, sodaß also augenblicklich auch bei maximalem Verbrauch in den Sommermonaten immer noch in der Maschinenstation genügend Reserve zur Verfügung steht, außerdem beschränkt sich der maximale Consum ... während der Sommermonate auf höchstens eine Stunde. ...[11]

Das Warnemünder Werk machte Schule: Seine Entwicklung, d.h. die des Stromverbrauchs im Ostseebad, war derart günstig, daß sich Rostock u.a. auch aus diesem Grunde entschloß, ein modernes Dampfturbinenwerk, das auch die Versorgung Warnemündes übernehmen sollte, zu bauen, denn die Abmachung mit dem Besitzer räumte der Stadt die Option, dessen Centrale nach 15 Jahren käuflich zu erwerben, ein. Unter dem Datum vom 26. Mai 1909, d.h. rechtzeitig ein Jahr vor Ablauf dieser Frist, kündigte man zum 16. August 1910 – vor allem auf Betreiben der Direktion des Rostocker E-Werkes – den Vertrag. Dann sollte das neue Kraftwerk bereits in Betrieb sein. Bei seinem Bau kam es aber zu Verzögerungen. Erst am 9. September 1911 konnte das E-Werk Warnemünde übernommen werden. Zwischenzeitlich „mußte" dieses sogar noch Strom für die 1910 eröffnete, östlich der Warnowmündung gelegene, elektrische Strandbahn von Warnemünde-Hohe Düne nach Markgrafenheide liefern.

Nach Übernahme der Warnemünder Centrale wurde diese stillgelegt und die Stromversorgung des Badeortes administrativ und technisch der Rostocker angeschlossen. Seine Elektrizität (Drehstrom) bezog das Ostseebad nun über eine 6-kV-Leitung vom Kraftwerk in Rostock-Bramow. Dieser Strom wurde in einer neuerrichteten Unterstation Dänische Straße in den ortsüblichen Gleichstrom umgeformt.

III.
Das Gleichstromwerk in der Bleicherstraße

Seit etwa 1890 stand die Gründung einer elektrischen Centrale für die Stadt Rostock hierselbst zur Debatte.[12] Noch sperrten sich die Stadtväter allerdings gegen ein **öffentliches** E-Werk. Der Hauptgrund für diese Haltung muß vor allem darin gesucht werden – und

dieses Motiv ist in jenen Jahren deutschlandweit zu finden –, daß man befürchtete, die Errichtung eines Elektrizitätswerkes wäre der stadteigenen Gasanstalt (*1856) wirtschaftlich abträglich. War der Betrieb eines Gaswerkes doch ein einträgliches Geschäft und füllte das stets klamme Stadtsäckel nicht unerheblich. Die Konkurrenz wurde vor allem darin gesehen, als damals ein E-Werk, wie u.a. auch in Warnemünde, meist privat betrieben wurde.

Unterstützt durch die bereits erwähnte Landes-Gewerbe- und Industrieausstellung und wohl auch dem allgemeinen Trend sowie dem Drängen der Rostocker Geschäftswelt nachgebend, änderte sich zum Ende der 1890er Jahre die Haltung der Obrigkeiten. Einen nicht unwesentlichen Beitrag zu diesem Gesinnungswandel dürfte dabei auch der Erfolg des Warnemünder E-Werkes geleistet haben.

In einer sehr anschaulichen, zeitgenössischen Beschreibung (1901), die hier in ihren für unsere Zwecke wichtigsten Passagen wiedergegeben wird, schildert der damalige Direktor Pieritz Gründung, Technik und Baulichkeiten „seines" am 1. Dezember 1900 in Betrieb genommenen Werkes ausführlich: Treibende Kraft zur Gründung einer Centrale sei gewesen, so der Autor, *dass sich in immer weiteren Kreisen das Bedürfniss nach elektrischer Energie mehr und mehr bemerkbar machte und die vorhandenen kleineren Blockanlagen nicht in der Lage waren, die elektrische Energie in den gewünschten Mengen zu produciren. Verhandlungen, welche seitens der Stadtverwaltung über den Bau eines Elektrizitätswerkes gepflogen wurden, führten zu keinem Resultat, da die nötigen Unterlagen fehlten, man wählte daher aus der Repräsentirenden Bürgerschaft eine Kommission, welcher die für die Erbauung eines Werkes erforderlichen Vorarbeiten übertragen wurden. Diese Kommission, welche den Namen „Kommitte zur Errichtung eines städtischen Elektrizitätswerkes" erhielt, war bestrebt die ganze Angelegenheit thunlichst zu beschleunigen und den Wünschen der Bürger in jeder Weise gerecht zu werden. – Es wurden von der Kommitte vor Allem bei einzelnen, bereits längere Zeit im Betriebe befindlichen Werken Erkundigungen über Rentabilität, Anlagekosten u.s.w. eingezogen. Auf Grund dieser Erkundigungen kam die Kommitte zu dem Entschluss, der Stadt die Erbauung eines Werkes auf eigene Kosten nicht zu empfehlen, sondern einer grösseren Firma die Konzession zur Erbauung eines Werkes, unter Vorbehalt späterer Uebernahme desselben, zu übertragen. Dementsprechend wurden im Februar 1898 einzelne bekanntere Firmen der elektrischen Branche aufgefordert ein, den Rostocker Verhältnissen entsprechendes Projekt auszuarbeiten. Die eingelaufenen Offerten und Entwürfe von Pachtverträgen zeigten aber in vielen Theilen wesentliche Verschiedenheiten und das Resultat der Seitens der Kommitte, unter Zuziehung des Herrn Prof. Dr. Klingenberg von der technischen Hochschule in Berlin geführten Berathungen und eingehenden Prüfungen, war, dass in Folge der vielen neuen Gesichtspunkte, welche dabei auftauchten, die Kommitte im Oktober 1898 den Beschluss fasste, von keiner der eingelaufenen Offerten Gebrauch zu ma-*

chen, sondern zunächst für einen erneuten Wettbewerb einheitliche Grundlagen zu schaffen. – In den weiteren Verhandlungen, welche die Kommitte im Beisein des Herrn Prof. Dr. Klingenberg führte, gelangte dieselbe jedoch immer mehr zu der Ueberzeugung, dass eine Uebernahme des Werkes in eigene Regie für die Stadt doch von grösserem Nutzen sei, weil dadurch vor allen Dingen die sonst unausbleibliche Schädigung der Gasanstalt vermieden wurde, und die Stadt sich ausserdem eine weitere sichere Einnahmequelle schaffen könnte. Die Repräsentirende Bürgerschaft schloss sich der Ansicht der Kommitte an und übertrug im November des Jahres 1898 Herrn Prof. Dr. Klingenberg die Ausarbeitung eines Projektes, welches die Kommitte im Mai 1899 vorgelegt wurde. – In diesem Projekt war mit Rücksicht darauf, dass das Seitens der Stadt für Erbauung eines Werkes in Aussicht genommene Terrain in einem Villenviertel lag, ein Betrieb mit Gasmaschinen vorgesehen, um die sonst unvermeidlichen Belästigungen durch Rauch u.s.w. zu verhindern. Auf Grund dieses Projektes, welches den Beifall der Kommitte fand, erfolgte die Ausschreibung für die einzelnen Theile der Anlage. Von den zahlreich eingelaufenen Offerten wurde auf Rath des Sachverständigen für den elektrischen Theil dasjenige der Allgemeinen Elektrizitäts-Gesellschaft in Berlin und für den maschinellen Theil dasjenige der Vereinigten Maschinenfabrik Augsburg und Maschinenbau-Gesellschaft Nürnberg gewählt. Die mit beiden Firmen Seitens der Stadtverwaltung unter Vermittlung des Sachverständigen geführten Verhandlungen führten am 1. December 1899 zum Vertragsabschluss. Es übernahm somit die Allgemeine Elektrizitäts-Gesellschaft die Lieferung der Dynamomaschinen, Batterie, Schaltanlage, des Kabel- und Oberleitungsnetzes und der Hausanschlüsse incl. Lieferung der Zähler. Der Vereinigten Maschinenfabrik Augsburg und Maschinenbau-Gesellschaft Nürnberg wurde die Lieferung der Gasmaschinen, des Laufkrahnes und der Kühlwasseranlage übertragen. Die Bauarbeiten, sowie die für Legung der Kabel erforderlichen Erdarbeiten wurden Seitens des Stadtbauamtes zur Ausführung gebracht. Die Bauleitung übernahm im Auftrage der Stadt Herr Prof. Dr. Klingenberg und als dessen Vertreter der Berichterstatter. ...

Das Gleichstromsystem für 2 und 3 Leiter, welches bisher in den meisten Städten zur Verwendung kam, bietet gegenüber den reinen Wechselstromanlagen den einen wesentlichen Vortheil, dass während der Nachtstunden, in denen der Consum naturgemäss ein sehr geringer ist, ein Maschinenbetrieb nicht erforderlich wird. Man konnte aber bis vor ca. 3 Jahren keine höhere Betriebsspannung als 250 Volt zwischen den Aussenleitern wählen, da brauchbare Glühlampen höchstens bis zu 125 Volt hergestellt wurden, und musste demgemäss unverhältnissmässig viel Kupfer für die Leitungen verwenden, um überhaupt Strom auf grössere Entfernungen hin übertragen zu können. Die Anlagekosten wurden dadurch sehr hoch und dementsprechend auch die Strompreise, daher ging man trotz der verschiedenen Nachtheile, welche Wechselstromanlagen besitzen, zu diesen über. Seit einigen Jahren ist es nun gelungen, brauchbare Glühlampen für höhere

Spannungen herzustellen, dadurch erhielt das Gleichstromsystem eine neue Stütze. ... So ist nun auch bei dem hiesigen Werk eine Betriebsspannung von 440 Volt zwischen den Aussenleitern, bezw. 2 x 220 Volt zwischen Aussen- und Mittelleiter gewählt und dadurch dem Werk ohne erhebliche Mehrkosten ein umfangreiches Consumgebiet geschaffen worden. – Das Leitungsnetz ist so bemessen worden, dass ca. 5000 gleichzeitig brennende Glühlampen von 16 Normalkerzen ohne erheblichen Spannungsverlust versorgt werden können. Die Maschinenanlage ist dagegen einstweilen bei voller Reserve nur für ca. 3500 gleichzeitig brennende 16kerzige Glühlampen dimensionirt und entspricht somit ungefähr dem jetzigen Anschluss. Eine Erweiterung der Maschinenanlage um ein weiteres Aggregat von ca. 300 PS. ist ohne Störung des Betriebes ausführbar, da der Maschinenraum von vornherein dafür dimensionirt worden ist. ... Als Bauplatz für die Centralstation wurde das an der Ecke Bleicher- und Neue Wallstr. gelegene, der Stadt gehörige Grundstück gewählt. Dasselbe liegt für das Consumgebiet verhältnissmässig günstig, ist von der Gasanstalt ca. 500 m entfernt und bietet hinsichtlich der Wasserverhältnisse zur Kühlung der Gasmaschinen vortheilhafte Eigenschaften. Ausserdem steht zur späteren Erweiterung des Werkes genügend Raum zur Verfügung. – Die Gebäude (...) bedecken eine Grundfläche von ca. 800 qm und gliedern sich in Maschinenhaus und Verwaltungsgebäude, welch letzteres ausser den Bureauräumlichkeiten im ersten Stock eine Wohnung für den Betriebsleiter enthält. Das Maschinenhaus (...) besitzt eine Länge von 30 Meter und eine Breite von 14 Meter. Dasselbe wird von einem Dach aus Eisenconstruction mit innerer, sauber gehobelter Holzverschalung frei überspannt. Eine im Dach angebrachte Ventilationslaterne sorgt für gute Lüftung des Maschinenraumes. Im Kellergeschoss des Verwaltungsgebäudes sind Batterie und Gasuhr in hohen, luftigen Räumen untergebracht. Im Erdgeschoss befinden sich 3 grosse Bureauräume, ausserdem Mannschaftsraum und Werkstatt. Der Fussboden des Maschinenraumes und des Raumes für die Schaltbühne, sowie die Corridore im Verwaltungsgebäude sind mit rothen und weissen Mettlacher Platten belegt. Die Wände sind in diesen Räumen bis zur Höhe von 1,4 Meter mit fein polirtem Heliolitputz versehen. Der Fussboden des Schaltbühnenraumes liegt 0,5 Meter höher wie der Maschinenhausfussboden, um dem Schaltbühnenwärter einen besseren Ueberblick über die Maschinenanlage zu verschaffen. Ein schmiedeeisernes Geländer begrenzt diesen Raum. – Die Fundirungsarbeiten wurden durch den theilweise schlechten Baugrund sehr erschwert und vertheuert. Es musste für die Maschinenfundamente eine starke Betonsohle eingebracht werden, welche von den Gebäudefundamenten vollständig getrennt ist, um eine Uebertragung der in den Maschinenfundamenten auftretenden Erschütterungen auf die Gebäude so viel wie möglich zu verringern. Aus demselben Grunde sind auch die auf den Fundamenten aufliegenden Deckenträger durch starke Filzplatten abisolirt. ... Von den seitens der Vereinigten Maschinenfabrik Nürnberg-Augsburg gelieferten und zur Aufstellung gelangten Gasmaschinen, ist die kleinere für eine effektive normale Leistung von 125 PS, die grössere für eine effektive normale Leistung von 250 PS bemessen. Es sind Motoren mit liegendem Cylinder und Präcisionssteuerung. Dieselben arbeiten nach dem Viertaktsystem ... Da aber nur bei einer der 4 Arbeitsverrichtungen nutzbare Energie auf die Welle übertragen wird, haben die Motoren auch einen geringeren Gleichförmigkeitsgrad als Dampfmaschinen und um denselben zu erhöhen, war es erforderlich, schwere Schwungräder von ca. 14000 Kg zu verwenden. Die Tourenzahl der Maschinen beträgt 150 Umdrehungen pro Minute und ist durch ein neben der Maschine aufgestelltes und von derselben angetriebenes Tachometer jederzeit festzustellen. Die 125 PS Maschine ... ist eine eincylindrige Maschine mit 540 mm Cylinderdurchmesser und 720 mm Kolbenhub. ... Die 250 PS Maschine ... besteht im Grunde genommen aus 2 eincylindrigen Maschinen, welche in ihrem Aussehen und ihren Dimensionen völlig der 125 PS Maschine gleichen, aber auf eine gemeinsame Welle arbeiten. Die Maschinen sind mit elektrischen Zündapparaten versehen, welche von der Hauptsteuerwelle aus gesteuert werden. Die Kurbellager, sowie die Lager der Steuerwelle besitzen Schmierringe, ausserdem erhalten die dem Schwungrad zunächst liegenden und daher stark beanspruchten Kurbellager eine ständige Oelzufuhr aus einem höhergelegenen Oelreservoir. Das gebrauchte Oel sammelt sich in einem Behälter unter dem Lager und wird aus demselben mit einer kleinen Exzenterpumpe, welche ebenfalls von der Hauptwelle aus angetrieben wird, wieder in das Oelreservoir zurückgefördert und in diesem durch Filter gereinigt. - Die Gaszuleitungen, Luftleitungen, Abgasleitungen mit zugehörigen Schalltöpfen, sowie die Kühlwasserzu- und Abflussleitungen sind im Maschinenkeller theils auf dem Fussboden, theils an der Decke verlegt. Die Abgasleitungen enthalten zwecks Verminderung des Auspuffgeräusches je 2 Schalltöpfe, von denen der eine dicht unter dem Arbeitscylinder, der andere in dem neben dem Maschinenhause errichteten Kanal aufgestellt ist und führen von dem Kanal aus bis über Dach des Maschinenhauses. Ein in die Gasleitung eingebauter Gasdruckregler der Firma Schaeffer & Oehlmann aus Berlin sorgt für eine gleichmässige Zufuhr von Gas. – Das zur Kühlung der Gasmotoren erforderliche Wasser wird der Warnow entnommen und vermittelst einer elektrisch angetriebenen, doppelwirkenden Kolbenpumpe für eine stündliche Leistung von 25 cbm in ein über dem Schaltbühnenraum untergebrachtes Hochreservoir gedrückt, von welchem aus es den Maschinen direkt zufliesst. Die Gesammtförderhöhe der Pumpe beträgt ca. 13,5 Meter. Ein Laufkrahn von 8000 kg Tragfähigkeit und 13 Meter Spannweite bestreicht das Maschinenhaus in seiner ganzen Länge. Derselbe war nicht nur für die Montage der Maschinenanlage von grossem Nutzen, sondern ist auch jetzt für die Demontage der Maschinen zwecks Reinigung der einzelnen Theile unentbehrlich. ... Die Dynamomaschinen ... sind Gleichstrom-Nebenschlussmaschinen, welche durch Gasmaschinen direkt angetrieben werden. Die 125 PS Dynamo sitzt auf der verlängerten Welle der Gasmaschine und besitzt

Blick in das E-Werk Bleicherstraße.

dementsprechend nur ein Aussenlager. Die 250 PS Dynamo besitzt eine besondere Welle mit 2 Aussenlagern und ist durch eine feste Scheibenkuppelung mit der Kurbelwelle der Gasmaschine gekuppelt. – Die mit der 250 PS Gasmaschine gekuppelte Dynamo leistet bei 150 Touren pro Minute 400 Ampères bei 480 Volt, während die von der 125 PS Maschine angetriebene Dynamo bei der gleichen Touranzahl 180 Ampères bei 480 Volt normal liefert. Die Verstellung der gleichmässig um den Kommutator herum vertheilten Kohlenbürsten erfolgt bei beiden Maschinen durch Handräder mit Schraubenspindel. Die Spannung der Dynamomaschinen ist in den Grenzen von 480 bis 660 Volt regulierbar, wobei die Touranzahl der Gasmaschinen durch Verstellung der Regulatoren um 8% erhöht wird. Diese Spannungserhöhung ist erforderlich, um von den Dynamos aus die Batterie direkt aufladen zu können, was allerdings nur bei sehr geringem Konsum im Netz erfolgt. Die ... Zusatzmaschinen dienen zur Aufladung der Batterie bei höherem Konsum. Es arbeitet in diesem Falle die Dynamo auf das Netz und die zur Ladung der Batterie erforderliche höhere Spannung liefert das Zusatzmaschinenaggregat. Letzteres besteht aus einem 50 PS Elektromotor, welcher mit 2 Nebenschluss-Dynamos durch elastische Kuppelungen (System Zodel-Voith) direkt verbunden ist. Jede der Zusatzdynamos liefert 180 Ampères bei 100 Volt und ist in ihrer Spannung von 1 - 100 Volt regulierbar. Die im Keller aufgestellte Batterie von der Akkumulatoren-Fabrik A.-G. Hagen besteht aus 260 Elementen und ist zum

Zweck der Spannungstheilung im Netz in 2 Hälften getheilt. Sie besitzt eine Kapazität von 540 Ампèrestunden und 180 Ampères grösste Lade- und Entladestromstärke. Da die Dynamomaschinen nur auf die Aussenleiter des Leitungsnetzes arbeiten und die erforderliche Theilung der Spannung in 2 x 220 Volt, wie schon oben erwähnt, durch die Batterie erfolgt, ist es unbedingt erforderlich, dass dieselbe ständig an das Leitungsnetz geschaltet ist. Die Batterie hat im Uebrigen den Zweck bei geringer Belastung am Tage und hauptsächlich in der Nacht den Konsum zu decken und somit das Arbeiten mit Maschinen zu vermeiden. Ausserdem hat sie bei hohem Konsum in den Wintermonaten während der Abendstunden einen Theil der Belastung zu übernehmen. ...

Für die Disposition der Apparatenwand war der Gesichtspunkt bestimmend, dass die Vorderfläche derselben zur Erzielung einer grösstmöglichen Einfachheit und Uebersichtlichkeit nur die zum Betriebe durchaus erforderlichen Messinstrumente, sowie Schalt- und Regulirapparate enthalten soll, während alle übrigen Theile welche nur zeitweise beobachtet und bedient werden müssen, hinter der Apparatenwand untergebracht worden sind. Die Schaltwand besteht aus Marmor auf einem Eisengestell, verziert durch profilirte Eisen- und Messingleisten. ... Auf der vorderen Fläche der Apparatenwand sind für jede Maschine ein Ausschalthebel, ein Minimalausschalter, ein Umschalter ohne Unterbrechung, eine Regulir-Vorrichtung für das Magnetfeld und ein Spannungs- und Strommesser angeordnet. Für jede der Zusatzmaschinen ein einpoliger Schalthebel, ein Minimalausschalter, ein Regulierapparat für das Magnetfeld und ein Strommesser, ausserdem für beide Zusatzdynamos ein umschaltbarer Spannnungsmesser. Für den Antriebsmotor zwei einpolige Schalthebel, ein Magnetregulator und ein Strommesser, ausserdem neben der Schaltwand ein Flüssigkeitsanlasswiderstand, ferner für jede Batteriehälfte ein Strommesser mit doppelter Skala für Ladung und Entladung. Auf dem letzten Felde der linken Schaltwandseite sind für die im Stadtgebiet angeordneten Speisepunkte je ein doppelpoliger Ausschalter und ein Strommesser angebracht, ausserdem ein Tastapparat mit 2 Spannungsmessern zum Messen der an den einzelnen Speisepunkten in jeder Netzhälfte herrschenden Spannung. Zu dem Zweck sind von jedem Speisepunkt aus sog. Messkabel in die Centrale zurückgeführt und an den Tastapparat angeschlossen. Die Regulirung der Netzspannung erfolgt automatisch durch die unter den Apparaten horizontal angeordneten Zellenschalter. Durch Zähler wird die gesammte in das Netz abgegebene, sowie im Werk selbst verbrauchte elektrische Energie ständig gemessen. Alle Sicherungen, Regulirwiderstände und Verbindungsleitungen sind hinter der Schalttafel angeordnet und bequem zugänglich. Die Verbindungsleitungen (Kabel) zwischen Apparatenwand und Maschinen sind im Keller an der Decke verlegt. Das Anlassen der Gasmaschinen erfolgt von der Apparatenwand aus durch die zugehörige Dynamo, indem dieselbe von den Zusatzmaschinen mit Strom versorgt wird und als Motor laufend die Maschine in Umdrehung versetzt. Die Vorschaltung eines Widerstandes ist in diesem Falle nicht erforderlich, da die Zusatzmaschinen dem Anker der Dynamo nur 100 Volt zuführen, während das Feld der Dynamo volle Erregung von der Batterie aus erhält. - Die von den einzelnen Dynamomaschinen erzeugte elektrische Energie wird an hinter der Schaltwand untergebrachten Kupferschienen gesammelt und durch 6 Hauptleitungen (Speiseleitungen) dem Leitungsnetz an den Konsumzentren zugeführt. ...

Das Leitungsnetz ist in der inneren Stadt als Kabelnetz und in den äusseren Stadtvierteln als Oberleitungsnetz ausgeführt. Für die Speiseleitungen sind des besseren Aussehens wegen auch in den äusseren Stadtvierteln Kabel verlegt worden. ... Sowohl das Kabelnetz als auch das Oberleitungsnetz sind der grösseren Betriebssicherheit wegen in sich geschlossen.[13]

Städtische Elektrizitätswerke und Überlandzentrale Rostock i. M.

Telegramm-Adresse: Überlandwerke.
Betriebs-Abteilung
Betrieb der A.E.G. Berlin
Konto bei der Wismarschen Vereinsbank.
Fernsprecher 200 u. 240.
Hauptbureau Rostock.

Die weitere Geschichte der Centrale ist schnell erzählt: Bereits 1904 wurde die erste Erweiterung der Maschinen- und Batterieleistung notwendig, denn die Rostocker Straßenbahn A.G. hatte ihre seit 1881 bestehende Pferdestraßenbahn elektrifiziert. Die Elektrische wurde nun und blieb eine verläßliche Großkundin. Doch schon bald, nach einer weiteren Vergrößerung, zeigte sich, daß das Werk an seine technischen und wirtschaftlichen Grenzen gestoßen war. So wurde das Kraftwerk Bramow – die Ueberlandcentrale Rostock (*1911) – gebaut. Die Elektrizitätserzeugung Rostocks und Warnemündes verlagerte sich nun schrittweise dorthin.

Die durch alliierte Bombenangriffe schwer zerstörte Centrale in der Bleicherstraße. Die Aufnahme vom April 1944 zeigt das ehemalige Machinenhaus.

Im Frühjahr 1913 zog die Allgemeine Elektricitäts-Gesellschaft (A.E.G.) als neue Hausherrin in die Gebäude des Elektrizitätswerkes ein. Die A.E.G. hatte, ihre guten Beziehungen zu Rostock nutzend, am 23. Mai d.J. für 40 Jahre die Stromversorgung der Stadt (einschließlich Warnemündes und der von Rostock ausgehenden Überlandversorgung) gepachtet.[14] Die Bleicherstraße diente nun vor allem zu Verwaltungszwecken.

1923 wurden die Produktion in der alten Centrale endgültig eingestellt und die noch vorhandenen Anlagen demontiert. Sie diente nur noch als Umspannstation für den aus Bramow bezogenen Strom, vor allem aber als Sitz der Betriebsverwaltung. 1927 wechselte diese aber in ein neues Gebäude am St.-Georg-Platz und die Bleicherstraße beherbergte nun das Hauptlager, eine Betriebswerkstatt, Garagen und die Zählereichstation.

Der II. Weltkrieg hinterließ auch am und im alten E-Werk seine Spuren. Die Bombardements, besonders im April 1942, führten zu schweren Schäden an den Baulichkeiten.[15]

Nach Kriegsende, bis zum Frühsommer 1999, diente die Centrale – erweitert durch An- und einigen Umbauten – als Haupt- bzw. Verwaltungssitz verschiedener Unternehmen der Energieversorgung.

Das alte E-Werk in der Bleicherstraße nach der Sanierung Mitte der 1990er Jahre als Sitz der Hauptverwaltung der (ehem.) Hanseatischen Energieversorgung AG, Rostock (Blick von der Bleicherstraße).

IV. Zwischen Rostock und Warnemünde. Die Kraftwerke in Bramow und Marienehe

Ueberlandcentrale Rostock – Kraftwerk Bramow

Von dem am Westufer der Warnow gelegenen Kraftwerk Rostock-Bramow aus erfolgte die Elektrifizierung und lange Jahre die Stromversorgung des östlichen Mecklenburg-Schwerin. Bis zu seiner Umrüstung zu einem Heizkraftwerk in den 60er Jahren blieb es das einzige Kraftwerk Mecklenburgs, das diesen Namen auch verdiente. Außerdem war Bramow das erste Kraftwerk seiner Art in den Grenzen des heutigen Bundeslandes Mecklenburg-Vorpommern. Darin besteht seine hauptsächliche Bedeutung.

1908/09 war es der Betriebsführung der Centrale gelungen, die Rostocker Stadtväter davon zu überzeugen, daß das E-Werk in der Bleicherstraße seine technischen und wirtschaftlichen Möglichkeiten ausgeschöpft hatte. Eine erneute Erweiterung erschien nicht mehr vertretbar. Der Strombedarf wuchs aber ständig und über die ursprünglich prognostizierten Maße hinaus. So stellte man Überlegungen an, an einem anderen Standort ein neues modernes Kraftwerk zu errichten. Damit verbunden waren Überlegungen, die Versorgung mit Elektrizität verschiedener Städte und Seebäder aber auch landwirtschaftlicher Abnehmer im Rostocker Umland, die ihr Interesse artikuliert hatten, aufzunehmen. Zudem mußte Warnemünde, die Konzession des E-Werkbetreibers war 1909 gekündigt worden, Strom erhalten. Deshalb nannte man dann dieses neue Kraftwerk auch Ueberlandzentrale.

Im Frühjahr 1909 formulierte der bereits zitierte Rostocker E-Werksdirektor Pieritz die entstandene Problemlage in einem Brief an die Stadtverwaltung wie folgt: *Wie ich bereits in früheren Berichten erwähnte, liegt das jetzige Werk – d.i. das E-Werk in der Bleicherstraße – zum Konsumgebiet etwas ungünstig und ist nicht mehr erweiterungsfähig, oder wenigstens nur mit Ausgaben, die eine gesunde Weiterentwicklung ausschliessen. Ich hatte daher vorgeschlagen, im äussersten Westen der Stadt hinter der Werft – d.i. die Neptunwerft – und zwar möglichst nahe der Warnow mit Rücksicht auf billige Kohlenzufuhr und einfache Wasserbeschaffung, sowie günstige Lage zu den neu zu erschliessenden Absatzgebieten ein neues Werk zu errichten und in diesem ausschliesslich Drehstrom hoher Spannung zu erzeugen, um in der Lage zu sein, sich durch Anschluss eines ausgedehnten Landbezirks, sowie einzelner Vororte und Badeörter einen wesentlich gesteigerten Absatz zu verschaffen. Gerade in letzter Zeit haben eine grosse Anzahl von Städten ihre Werke bereits zu Ueberlandzentralen ausgebaut oder wenigstens den Entschluss dazu gefasst, da durch Anschluss der Landgüter und der Kleinindustrie auf dem Lande eine we-*

Die Ueberlandzentrale Rostock – Kraftwerk Bramow – um 1930.

sentliche Steigerung des Absatzes möglich ist. Hier liegen die Verhältnisse insofern noch günstiger, als uns Gelegenheit geboten ist, auch gute Sommerkonsumenten durch den Anschluss von Badeörtern zu gewinnen. Von dem neuen Werk aus müsste natürlich auch das Stadtgebiet versorgt werden ...[16]

Dieses zu errichtende Werk war von vornherein als Dampfturbinen-Kraftwerk für die Erzeugung von Drehstrom geplant. Als Standort wählte man Bramow, damals noch vor den Toren Rostocks. Eine Belästigung der Wohngebiete durch die entstehenden Abgase konnte so gering gehalten werden. Hier war außerdem genügend Platz für eventuelle Erweiterungen und den Bau von Hochspannungsanlagen vorhanden. Die Versorgung mit Kühlwasser klärte sich durch die unmittelbare Nähe zur Warnow. Zudem war so ein kostengünstiger Antransport der Baumaterialien und dann der Kohle auf dem Wasserwege möglich.

Unter Leitung des Stadtbaudirektors Dehn begannen die Arbeiten 1910 und nach einer knapp einjährigen Bauzeit wurde das Kraftwerk am 1. Juli 1911 in Betrieb genommen.

Wie schon in der Bleicherstraße war sein Verwaltungsgebäude kein reiner Zweckbau, sondern es fügte sich durchaus in die ästhetischen Vorstellungen seiner Zeit ein. Selbst die Maschinenräume wurden gestaltet.

Anfänglich betrieb man das Kraftwerk mit zwei AEG-Dampfturbinen zu je 1.000 kW Leistung und einer Generatorspannung von 6.000 V Drehstrom. Gleichzeitig mit seiner Indienststellung wurde die notwendige Leitung (6 kV) nach Warnemünde errichtet und in Betrieb genommen. In der Stadt selbst baute man in dem Gebäude eines alten Klosters die Umspannstation Unterstation Wollmagazin.[17] Diese Station war durch ein 6-kV-Kabel mit Bramow verbunden. Hier und wenig später auch in der Bleicherstraße formte man den Dreh- in Gleichstrom für die Abnehmer in der Stadt um.

Das Kraftwerk Bramow von der Warnowseite.

Blick in die Maschinenhalle des Kraftwerkes Bramow.

Die Überlandversorgung erfolgte auf 15-kV-Basis, u.a. durch sternförmig ins Land führende Leitungen, die zeitgleich mit dem Kraftwerk errichtet worden waren. An das Netz wurden im Laufe der nächsten Monate u.a. die Städte Doberan, Güstrow und Kröpelin und die Ostseebäder Arendsee, Brunshaupten und Fulgen (heute sind diese drei Kühlungsborn) sowie Heiligendamm angeschlossen. Güter und Dörfer, die günstig zu den Trassen lagen und auch den Anschluß wollten, elektrifizierte man ebenfalls.

Nachdem die A.E.G. 1913 die Stromversorgung Rostocks und des Umlandes, einschließlich des Kraftwerkes Bramow, pachtweise erworben hatte, begann ein zügiger Ausbau der Überlandversorgung. Dies führte schließlich zu einer Konzession durch die Landesregierung des Großherzogtums Mecklenburg-Schwerin in Gestalt eines sog. Staatsvertrages (1915), der nicht nur die Elektrifizierung des östlichen Landesteiles in die Hand der A.E.G. legte, sondern dem Unternehmen ebenso auftrug, jeden Anschlußwilligen auch anzuschließen und zu einheitlichen Konditionen mit Strom zu versorgen.

Noch während des I. Weltkrieges (1916) wurde so die erste Erweiterung notwendig, zumal die in Rostock und Umgebung ansässige kriegswichtige Industrie einen „gesunden" Stromhunger entwickelte, der nicht nur die kriegsbedingten Ausfälle – z.B. des Fremdenverkehrs – recht schnell mehr als kompensierte. Eine dritte Turbine mit einer Leistung von 2.000 kW wurde deshalb aufgestellt.

Obwohl die A.E.G. auch während des Krieges das Überlandnetz ausbaute, konnte nicht jeder, der es wollte, und es waren mittlerweile sehr viele, angeschlossen werden. Der allgemeine Leuchtstoffmangel, vor allem an Petroleum, hatte eine sog. 𝔉𝔩𝔲𝔠𝔥𝔱 𝔦𝔫 𝔡𝔦𝔢 𝔈𝔩𝔢𝔨𝔱𝔯𝔦𝔷𝔦𝔱ä𝔱, die grenzenlos verfügbar schien, zur Folge. Infolge dieser Entwicklung kam es zu einem Antragsstau vor allem im ländlichen Raum, der nach Kriegsende zu einer wesentlichen Belebung der Anschlußtätigkeit führte. Die kriegsbedingte Fahrweise der Anlagen brachte gleichzeitig – gefördert durch den Mangel an Fachkräften, Material und Ersatzteilen – einen nicht unerheblichen Verschleiß mit sich. Auch diese Folgen mußten beseitigt werden.

1922 folgte die Aufstellung einer vierten Turbine (3.000 kW) und der Bau eines 40-kV-Umspannwerkes. Der wirtschaftliche Aufschwung der 𝔊𝔬𝔩𝔡𝔢𝔫𝔢𝔫 3𝔴𝔞𝔫𝔷𝔦𝔤𝔢𝔯 𝔍𝔞𝔥𝔯𝔢 belebte auch den Stromabsatz. 1926 und 1928 erweiterte man das Kraftwerk deshalb erneut.

1931 entschloß sich die Schweriner Landesregierung seine 1920 gegründeten und den Westteil Mecklenburgs versorgenden 𝔏𝔞𝔫𝔡𝔢𝔰-𝔈𝔩𝔢𝔨𝔱𝔯𝔦𝔷𝔦𝔱ä𝔱𝔰-𝔚𝔢𝔯𝔨𝔢 (LEW) in das 𝔐ä𝔯𝔨𝔦𝔰𝔠𝔥𝔢 𝔈𝔩𝔢𝔨𝔱𝔯𝔦𝔷𝔦𝔱ä𝔱𝔰𝔴𝔢𝔯𝔨 (MEW - *1909) – dem Regionalversorger der preußischen Provinz Brandenburg – einzubringen. Dieses betrieb in Finkenheerd bei Frankfurt/ Oder ein modernes Großkraftwerk (*1923) auf Braunkohlenbasis, das nicht ausgelastet war. Das MEW verlangte von der Regierung deshalb die Versorgung des **gesamten** Landes Mecklenburg-Schwerin und zwar vorrangig mit Strom aus Finkenheerd. Aus diesem Grunde wurde

Elektricitäts-Lieferungs-Gesellschaft Berlin
Abt. **Elektricitätswerk und Überlandzentrale Rostock**

Betr.: Übergang der Stromversorgung auf das MEW.

Wir gestatten uns, Ihnen mitzuteilen, daß die Versorgung unseres gesamten Liefergebietes vom 1. April ds. Js. ab auf das Märkische Elektricitätswerk, Aktiengesellschaft, B... (MEW) übergeht.

Mit Rücksicht darauf ist es notwendig, die Zählerstände pünktlich am letzten T... vor dem Übergang der Stromversorgung, d. i. der 31. März, abzulesen und unter Benutz... der anliegenden Ablesekarte unverzüglich an uns einzusenden. Die Berechnung des Str... verbrauches für den Monat März und den Einzug der Rechnungen hierfür, erfolgt noch durch ...

Wir danken Ihnen bei dieser Gelegenheit für das uns im Laufe der Jahre entge... gebrachte Vertrauen, das wir auf unseren Nachfolger, das MEW, übertragen zu wollen bit...

Rostock, den 20. März 1933.
Hochachtungsvoll
Elektricitäts-Lieferungs-Gesellschaft Berlin
Abt. Elektricitätswerk und Überlandzentr...
ROSTOCK.

𝔐ä𝔯𝔨𝔦𝔰𝔠𝔥𝔢𝔰 𝔈𝔩𝔢𝔨𝔱𝔯𝔦𝔠𝔦𝔱ä𝔱𝔰𝔴𝔢𝔯𝔨 𝔄𝔨𝔱𝔦𝔢𝔫𝔤𝔢𝔰𝔢𝔩𝔩𝔰𝔠𝔥𝔞...
Hauptverwaltung

Auf Grund unseres Vertrages mit dem Freistaat Mecklenburg-Schwerin übernehm... wir vom 1. April ds. Js. ab die Versorgung des bisher von der Elektricitäts-Lieferungs-Ges... schaft, Abteilung Elektricitätswerk und Überlandzentrale Rostock belieferten östlichen Te... des Freistaates.

Demgemäß treten wir mit Wirkung vom 1. April ds. Js. in das mit Ihnen bestehe... Stromlieferungsabkommen ein. Gleichzeitig erklären wir uns grundsätzlich bereit, anst... der bisherigen Stromlieferungsabkommen die hierfür beim MEW. üblichen Abkomm... abzuschließen. Wir werden uns erlauben, uns mit Ihnen hierüber in den nächsten Woc... in Verbindung zu setzen.

Die Verwaltung des übernommenen Versorgungsgebietes obliegt unserer Betrie... direktion, die ihren Sitz in der Landeshauptstadt Schwerin hat. Leiter der Betriebsdirekt... Schwerin ist Herr Direktor Schulze, der frühere Leiter der staatlichen Landes-Elektrizit... werke. Wir bitten Sie, sich vom 1. April ds. Js. ab in allen Fragen an das Märkis... Elektricitätswerk Aktiengesellschaft, Betriebsdirektion Schwerin (Meckl.), Lübecker Straße zu wenden.

Berlin W 62, den 20. März 1933.
Keithstraße 15.
Hochachtungsvoll
Märkisches Elektricitätswerk Aktiengesellsch...

der Konzessionsvertrag mit der 𝔈𝔩𝔢𝔨𝔱𝔯𝔦-𝔠𝔦𝔱ä𝔱𝔰-𝔏𝔦𝔢𝔣𝔢𝔯𝔲𝔫𝔤𝔰-𝔊𝔢𝔰𝔢𝔩𝔩𝔰𝔠𝔥𝔞𝔣𝔱 (ELG - *1899), dies war eine Tochter der A.E.G., die seit 1921 alle deren Verträge in Mecklenburg übernommen hatte, nach heftigem Widerstand durch die ELG und die Stadt Rostock zum 1. April 1933 gekündigt. Dies war allerdings aufgrund der vertraglichen Regelungen von 1915 möglich. Damit endete die Überlandversorgung in Mecklenburg-Schwerin durch die ELG. Auch das Kraftwerk verlor seine regionale Funktion, denn der ELG wurde außerdem ein Stromlieferungsvertrag aufgezwungen, der den Bezug vom MEW vorsah und die Produktion in Bramow stark einschränken sollte. Das Werk durfte ab sofort nur noch bei Bedarf als Spitzenkraftwerk gefahren werden. Sein Schicksal schien besiegelt. Aber das, womit niemand gerechnet hatte, trat ein. Die durch die

Nationalsozialisten betriebene Aufrüstung - in Rostock gab es den Flugzeug- (Arado und Heinkel) und den Schiffbau (Neptunwerft) - kompensierte innerhalb weniger Monate den Verlust der Überlandversorgung. Der Stromhunger der Rüstungsindustrie ließ zudem weitere vertragliche Regelungen aus dem Jahre 1933 Makulatur werden. Mitte der 30er Jahre produzierte Bramow so viel Strom wie nie zuvor. Seit 1943 liefen die Maschinen dann ganztägig und mit voller Last. Der Höhepunkt wurde 1944 erreicht.

1936/37 mußte das Kraftwerk dann vergrößert werden. Ein 8.000-kW-Turbosatz wurde eingebaut. Bramow erreichte damit eine Gesamtleistung von 25 MW.

Zum Glück blieben die Kraftwerkseinrichtungen, trotz unmittelbarer Nähe zu den Heinkel-Flugzeug-Werken in Marienehe, von größeren Kriegsschäden (Bombardements) verschont. Freileitungen und die Versorgungsanlagen in der Stadt wurden dagegen schwer in Mitleidenschaft gezogen. Allerdings war der ursprünglich 62 m hohe Schornstein bereits bei Kriegsanfang auf eine Höhe von 12 m zurückgebaut worden. Er sei den vom nahen Werks-Flugplatz startenden Maschinen ein zu großes Hindernis gewesen.

Schwerwiegend hingegen waren die am 10. Juni 1945 beginnenden sowjetischen Demontagen in Folge der Kriegsniederlage. Ursprünglich wollte die Besatzungsmacht fast das gesamte Kraftwerk demontieren. Nur eine 3000-kW-Turbine sollte zur Versorgung der Stadt verbleiben. Doch durch das kluge Vorgehen der Verantwortlichen, die durchaus in der örtlichen Kommandantur Verbündete besaßen, und die Undurchsichtigkeit der damaligen Situation konnten diese Forderungen reduziert werden. Eine bereits zum Abtransport verpackte 5.000-kW-Turbine wurde sogar wieder eingebaut.

Vom März 1946 findet man folgende, für das Verständnis der damaligen Verhältnisse sehr aufschlußreiche – hier auszugsweise wiedergegebene – Charakteristik des Kraftwerkes:

Erweiterung des Kraftwerkes Bramow 1937.

I. Allgemeine Angabe:

1. Benennung des Kraftwerkes, Adresse:
   Stadtwerke Rostock, Elektrizitätswerk Rostock, Abteilung Kraftwerk Bramow, Rostock-Bramow, Am Grenzschlachthof 4.

2. Wessen Eigentum:
   Stadt Rostock

3. Jahr der Inbetriebsetzung:
   1911

4. Jahre der Erweiterung des Kraftwerkes:
   1917, 1922, 1925/26, 1927/28, 1937.

5. Anzahl der aufgestellten Turbinen und allgemeine Leistung: Anzahl der Kessel
   Nach letzter Erweiterung 1937:
   4 Turbinen mit 25,5 MW
   3 Kessel
   Jetzt: 3 Turbinen mit 13 MW (hiervon 1 Turb. mit 5 MW, ausser Betrieb)
   2 Kessel

6. Allgemeine Erzeugung des Dampfes in t, die Arbeitsleistung der Turbinen-Generatoren in MW:
   Nach letzter Erweiterung 1937:
   Normal: 96,6 t Kesselleistung bei Steinkohle 6.300 WE
   Maximal: 124 t desgl.
   25,5 MW Turbinenleistung.
   Jetzt: Normal: 46,6 t Kesselleistung bei Steinkohle 6.300 WE
   Maximal: 59 t desgl.
   Normal: 35,5 t Kesselleistung bei Braunk. Brikett 4.800 WE
   Maximal: 45 t desgl.

7. Arbeitserzeugung der Kessel in t pro Stunde:
   Normal: 35,5 t
   Maximale Spitzenlast: 45 t

8. Arbeitsleistung der Kessel in MW: Nach letzter Erweiterung 1937:
   20 MW mit Steinkohle 6.300 WE.
   Jetzt: Normal: 7,2 MW
             bei Steinkohle 6.300 WE
   Maximale Spitzenleistung 9 MW desgl.
   Normal: 5,5 MW
             bei Braunk. Brik. 4.800 WE
   Maximale Spitzenleistung 6,9 MW desgl.

9. Arbeitsleistung des Kraftwerkes am 1. März 1946 mit Angabe von Ursachen für Nichterreichen des Normalstandes:
   6,4 MW. Leistung bestimmte der Lastverteiler.
   5.000 kW-Turb. seit Dez. 1944 ausser Betrieb, Wellenbruch.
   10.500 kW-Turb. U. 50 - 65 t/h-Kessel 1945 demontiert (Reparation)

10. Die mögl. Maximal-Leistung des Kraftwerkes bei Berücksichtigung der durchgeführten Abmontierung im Kraftwerk:
    6,9 MW bei Braunk. Brik. 4.800 WE

11. Die Maximalleistung des Kraftwerkes in MW im Monat Januar 1946:   6,6 MW

II. Arbeitsmengen-Angabe des Kraftwerkes im Monat Januar 1946.

1. Die erzeugte Elektro-Energie in kWh: 1.470.800 kWh

2. Die abgegebene Elektro-Energie an den Verbraucher in kWh
   a) für Eigenverbrauch   23.154 kWh
   b) für Abnehmer   1.447.646 kWh

3. Erzeugter Normaldampf in Dampfmenge pro t
   Erzeugte Dampfmenge = 10.467 t

4. Verbrauchter Dampf für den Betrieb des Kraftwerkes:
   Eigenverbrauch des Kraftwerkes Bramow = 1.202 t

5. Abgegebener Dampf an den Verbraucher in t und in MWh kcal
   9.265 t Dampf
   11.355.335 MWh kcal

III. Angabe von Arbeitseigenschaften des Kraftwerkes für Januar 1946.

1. Dampfverbrauch für 1 kWh für die Wärmezentrale:

   Dampfverbrauch
   je erzeugte kWh = 6,4 kg
   Gesamt Dampfverbrauch für das
   Kraftwerk einschliessl. Eigenverbrauch
   + Verluste = 7,16 kg/kWh.

2. Verbrauch des Brennstoffes in Natura oder bedingt für 1 t Dampf und für 1erzeugte kWh:

   2.696 t Braunk. Brik.
   228 t Sächs. Steinkohlen.

3. Verkaufspreis einer erzeugten kWh und einer t Dampf (MW kcal) abgegebenen Dampfes:

   14 Rpf je kWh

IV. Brennstoffe.

1. Art des Brennstoffes:

   Mitteldeutsche Braunkohlen-Briketts
   Troll, Sonne,
   Sächsische Steinkohlen, Oelsnitz i. Sa.
   Erzgeb.

2. Mittlere niedrigste Wärmefähigkeit

   Braunkohlen-Briketts = 4.550 kcal
   Sächs. Steink. = 6.500 kcal

3. Bezugsquelle des Brennstoffes (eigen oder Anfuhr)

   Anfuhr von Mitteldeutschland,
   (Wahren - Buckau - Ludwigslust -
   Rostock - Bramow)
   Ilse Bergbau AG, Grube Ilse NL,
   und Anhaltische Kohlenwerke,
   Grube Marie II, Grossräschen

4. Tatsächlicher Brennstoffverbrauch für Januar 1946 in t:

   2.996 t BB
   + 228 t SK

Quelle[19]

In den ersten Nachkriegsjahren galt es vor allem, die Demontagen auszugleichen, notwendige Reparaturen (natürlicher und kriegsbedingter Verschleiß) und die Feuerungsanlagen auf Braunkohle umzustellen, denn Steinkohle aus Schlesien oder dem Ruhrgebiet gab es nicht mehr. Das sächsische Revier konnte nur bedingt Ausgleich schaffen.

Daneben waren gravierende administrative Probleme, die aber das Kraftwerkspersonal nur am Rande berührten für die Verwaltung aber um so gewichtiger erschienen, zu bewältigen. Denn: Im Sommer 1948 änderte sich das Eigentum am Kraftwerk grundsätzlich und auf dramatische Weise: Bis zu diesem Zeitpunkt war die Stadt Eigentümerin des Werkes. Nach Kriegsende hatte man den Pachtvertrag mit der ELG einseitig und gegen deren Widerstand gekündigt und das Kraftwerk in die Verwaltung der neuentstandenen Stadtwerke gelegt. Trotz Demontagen, Material-, Ersatzteil- und Kohlenmangel besaß Rostock so eine eigene Energiequelle, die sie bei allen zentralen Regelungen (Lastverteilung) und Restriktionen – die aufgrund der Nachkriegssituation durchaus berechtigt waren – zum eigenen Nutzen einzusetzen gedachte. Mit dem „Kalten Krieg" und der forcierten Übernahme des sowjetischen Gesellschaftsmodell in der SBZ seit 1947/48 ging eine Verstaatlichung und ausgeprägte Zentralisierung der Wirtschaft einher. Besonders stark betroffen war die Energiewirtschaft. Noch existierende privatwirtschaftlich organisierte Energieversorgungsunternehmen, wie die **Brandenburgisch-Mecklenburgischen Elektrizitätswerke AG** – so hieß das MEW seit 1947 – die aber in öffentlichem Eigentum waren, wandelte man in Volkseigene Betriebe (VEB) um.[20] Gleichzeitig begann die Entkommunalisierung. Zum 1. Juli 1948 wurden sog. Energiebezirke gebildet. Den Raum der Länder Mecklenburg(-Vorpommern) und Brandenburg erfaßte der **Energiebezirk Nord VVB <Z>**[21] mit Sitz in Potsdam. Diesem Energiebezirk wurde auf zentrale Weisung hin das Kraftwerk Bramow „übertragen". Die Stadt leistete gegen diese Enteignung Gegenwehr, aber es half nichts.[22] Von nun an war das Kraftwerk in der Verwaltung des jeweiligen regionalen Energieversorgers. Die Stadt aber auch das Land hatten keinen Einfluß mehr auf die Geschicke Bramows.

Die extreme Energieversorgungslage bis Mitte der 50er Jahre führte zu einer auf Verschleiß angelegten Fahrweise des Kraftwerkes. Notwendige Reparaturen – von Erweiterungen ganz zu schweigen – konnten aufgrund des Mangels an Ersatzteilen und Materialien nicht oder nur zum Teil durchgeführt werden. Das bewirkte, daß das Kraftwerk ab 1955 lediglich noch als Spitzenkraftwerk eingesetzt wurde, zu unwirtschaftlich und technisch risikovoll war sein Dauerbetrieb. Ermöglicht wurde dieser Schritt allerdings auch durch den Aufbau von Großkraftwerken in den Braunkohlerevieren der DDR und dem damit verbundenen Ausbau des Verbundnetzes.

Umrüstung des Kraftwerkes Bramow zum Heizkraftwerk (Aufnahme von 1962).

Für die im Raum Marienehe und Bramow neu entstandenen Industrieunternehmen (Fischfabrik, Plattenwerk, Schlachthof, Großwäscherei) gab man schließlich Dampf für Heizzwecke ab. Seit 1960 wurde das Kraftwerk zu einem Heizkraftwerk auf Heizölbasis, vor allem für die Wärme- und Heißwasserversorgung der in Rostock entstehenden Neubaugebiete, umgerüstet. Ende 1964 kamen die Arbeiten zu einem vorläufigen Abschluß. Im November nahmen die beiden Kessel 1 und 2 sowie eine 12-MW-Entnahme-Kondensationsturbine mit 90 t/h Entnahme – die Maschine 1 – den Probebetrieb auf. Deren Parallelschaltung mit dem Hochspannungsnetz erfolgte schließlich am 29. November 1964. Der Dauerbetrieb der Fernwärmeversorgung begann am 10. März 1966 mit der Beheizung des neuen Stadtteiles Lütten Klein. Im selben Jahr erfolgte der Einbau eines Kessels, der aus dem Kernkraftwerk Rheinsberg stammte. Endlich wurden die letzten Vorkriegsaggregate ebenfalls in diesem Jahr verschrottet.

Schornsteinsprengung im Kraftwerk Rostock Bramow am 1. Juli 1998

Im Umgang mit der neuen Anlage gab es allerdings aufgrund schwerwiegender technischer Störungen und Mängel sowie einer herrschenden Skepsis seitens der Belegschaft gegenüber der neuen Technik gepaart mit nicht ausreichenden Kenntnissen anfänglich erhebliche Schwierigkeiten. Erst im Laufe des Jahres 1965 stabilisierte sich die Produktion in Bramow.

Anfang 1965 ging an diesem Standort zudem ein weiteres, heizölgefeuertes Heizkraftwerk in den Betrieb. Dessen Betriebsabläufe wurden vollautomatisch gesteuert und geregelt.

1991 begann die Stillegung Bramows. Bis 1997 kam es aber noch zu Aushilfszwecken in der Wärmeversorgung zum Einsatz. Und 1998 schließlich riß man dieses traditionsreiche Kraftwerk ab.

Standort Rostock-Marienehe

Einen knappen Steinwurf weit von Bramow entfernt entstand in Verantwortung des **VEB Energieversorgung Rostock** – dies war das zuständige Energieversorgungsunternehmen (Elektrizität, Gas, Fernwärme) des ehemaligen Bezirkes Rostock – seit 1966/67 ein weiteres HKW: das Heizkraftwerk Rostock-Marienehe.

Warum? Ein sog. Kraftwerkspaß aus dem Jahre 1979 gibt uns folgende Antwort: *Mit der Erweiterung des Industriekomplexes zwischen Warnow und Stadtautobahn Rostock-Warnemünde (Transit Gedser) und dem Bau neuer Stadtteile, wie Evershagen, Lütten Klein, Lichtenhagen, Groß Klein, Schmarl links und rechts der Autobahn sowie Rostock-Südstadt, wurde die Einrichtung einer leistungsfähigen Wärmeerzeugungsanlage notwendig. Aus Effektivitätsgründen (Wärmekraftkopplung) entschied man sich für den Bau eines Heizkraftwerkes. Als Standort bot sich der nördliche Abschnitt des für die Industriebebauung von Rostock vorgesehenen Komplexes an.*[23]

1967 wurde der Schornstein – die Angaben über seine Höhe schwanken zwischen 160 m und 165 m – fertiggestellt. Erst im April 1969 begann man endlich mit dem Bau des Kesselhauses der ersten Ausbaustufe. Von Dezember des folgenden Jahres bis Mai 1971 lief der Probebetrieb des 1. Heizwasserer-

Marienehe vor 1989

zeugers. Die Arbeiten für die zweite Ausbaustufe wurden 1973 aufgenommen. Am 26. September 1974 nahm man den Dampferzeuger 1 in Betrieb und die Stromlieferung datiert seit dem Dezember jenes Jahres.

Zu Technik, Funktion und Aufgaben des HKW wird in dem genannten Kraftwerkspaß ausgesagt: *Die Hauptaggregate der 1. Ausbaustufe bestanden aus 2 ölgefeuerten 50-Gcal/h-Heißwassererzeugern, die der 2. Ausbaustufe aus 2 ölgefeuerten Großraumdampferzeugern mit einer Leistung von je 125 t/h und einer 55/60-MW-Heiz-Gegendruck-Turbine. Der Generator (55/60 MW) war mit der Turbine direkt auf der Welle gekoppelt. Der Standort in Nähe der Wohngebiete verlangte aus Gründen des Umweltschutzes den Einsatz von Heizöl. Ein weiteres Argument dafür war, daß beim Transport dieses Energieträgers in den rohstoffarmen Norden unserer Republik die geringsten Transportkosten auftraten. Das Heizöl gelangt größtenteils vom VEB Petrolchemisches Kombinat Schwedt über den Schienenweg nach Rostock-Bramow. Von dort werden die angelieferten Kesselwagen über ein Anschlußgleis zum Ölbahnhof des Heizkraftwerkes gebracht. Das Kühl- und Gebrauchswasser des 1. Kreislaufs wird der Warnow, das des 2. Kreislaufs dem Stadtwassernetz entnommen. ... Über das Verbundsystem der Zentralen Wärmeversorgung Rostock beliefert das HKW Marienehe zusammen mit dem HKW Rostock-Bramow heißwasserseitig die Stadtteile Lütten Klein, Evershagen, Lichtenhagen, Rostock-Südstadt sowie diverse kleinere Abnehmer, wie die Industriebetriebe Dieselmotorenwerk, Rokoback <d.i. eine Großbäckerei>, Schiffselektronik und andere. Die maximale Wärmeleistung beträgt ca. 210 Gcal/h (...). Die Elektroenergie (maximal 60 MW) wird über das Umspannwerk Schutow in das 110-kV-Versorgungsnetz und über eine 20-kV-Schaltanlage in das Versorgungsnetz von Lütten Klein eingespeist.*

Konzipiert wurden für die Gesamtanlage des Heizkraftwerkes 3 Ausbaustufen, realisiert wurden bisher
1. Ausbaustufe
2 x 50 Gcal/h HWE, ölgefeuert
2. Ausbaustufe
2 x 125 t/h DE, ölgefeuert
1 x 60 MW Heiz-Gegendruck-Turbine

Die 3. Ausbaustufe (2 x 100 Gcal/h ölgefeuert) wurde 1979 begonnen.[24] Planmäßig sollten die Arbeiten 1981 beendet sein. Tatsächlich verzögerte sich ihr Abschluß aufgrund der krisenhaften Entwicklung der DDR-Wirtschaft Anfang der 80er Jahre um Monate. 1983/84 erweiterte man das HKW durch die Heißwassererzeuger (HWE) 3 und 4; eine letzte Erweiterung erfolgte 1990 (HWE 5).

Das große Thema in der DDR-Energiewirtschaft jener Jahre war die sog. „Heizölsubstitution", das meinte die Ablösung des importierten Öles durch einheimische Brennstoffe. Vor allem war dies die Rohbraunkohle. Im HKW Marienehe kam in diesem Zusammenhang seit 1982 allerdings auch Erdgas aus dem Raum Salzwedel (Bezirk Magdeburg/heute Land Sachsen-Anhalt) zum Einsatz.

Nach seiner Stillegung 1996 ließ seine Eigentümerin, die **Stadtwerke**

Rostock AG (*1990), das Heizkraftwerk Marienehe zurückbauen. Dabei wurde der Schornstein aus Sicherheitsgründen nicht wie üblich gesprengt, sondern Segment für Segment abgetragen.

Gewissermaßen in Blickkontakt zum alten HKW errichtete dieses Unternehmen zwischen 1994 und 1996 ein Gas- und Dampfturbinenkraftwerk (GuD), das am 1. November 1996 eingeweiht werden konnte. Die Gesamtleistung der Anlage beträgt elektrisch 108 MW und thermisch 120 MW. Sie umfaßt drei identische Blöcke, die jeweils aus der Gasturbine, dem Abhitzekessel, der Dampfturbine, dem Generator sowie einem Heizkondensator bestehen und als einwellige Anlage, d.h. sowohl die Gas- als auch die Dampfturbine arbeiten auf einer Welle und treiben einen gemeinsamen Generator an, betrieben werden. Die einzelnen Blöcke sind selbständig und nur auf der Heißwasserseite verbunden. Brennstoff ist Erdgas.

Mit dem Bau dieser GuD-Anlage bleibt der traditionelle Kraftwerksstandort Marienehe für die Zukunft erhalten.

GuD-Anlage Rostock-Marienehe, 1996

Das Steinkohlekraftwerk in Rostock und die Kraftwerks- und Netzgesellschaft

Mit der Inbetriebnahme des 550-Megawatt-Steinkohlekraftwerks Rostock durch den Betreiber der Kraftwerks- und Netzgesellschaft (KNG) im Jahre 1994 ist ein Meilenstein moderner Kraftwerkstechnik für den Mittel- und Spitzenlastbereich in den neuen Bundesländern gesetzt worden. – Die Planung erfolgte bedarfsorientiert, denn der Raum Mecklenburg-Vorpommern benötigte Kraftwerksleistung.[25]

Schon von Weitem, egal aus welcher Himmelsrichtung man sich der Stadt nähert, kann man ihn gut erkennen – den über 140 m hohen Kühlturm des im Rostocker Seehafen liegenden Steinkohlekraftwerkes – daneben: das nicht weniger imposante Kesselhaus.

Gebaut von 1991 bis 1994 steht dieses Kraftwerk in der langen Tradition der auf den vorangegangenen Seiten näher vorgestellten Rostocker Elektrizitäts- und Kraftwerke.

Die Idee zu einem weiteren Kraftwerk – im Osten der Stadt – reichen bis in die 1980er Jahre zurück und erwuchsen aus der Lage der Energieversorgung der DDR im allgemeinen und aus der Lage der Stadt im besonderen. Zwei Tendenzen jener Jahre lassen sich in diesem Zusammenhang feststellen:

1. die vorsichtigen Versuche der DDR zur Lösung ihrer nicht mehr übersehbaren Probleme in der Energiewirtschaft Kontakte zum Westen aufzunehmen und

2. die Notwendigkeit in Rostock ein weiteres Heizkraftwerk errichten zu müssen.

Die sich mit der „Wende" 1989/90 in der DDR bzw. in den neuen Bundesländern etablierende Wirtschafts- und Sozialordnung gab dann der ganzen Entwicklung eine andere Richtung. Es ergaben sich neue Möglichkeiten, aber auch neue Probleme und Forderungen.

Was ein Jahr zuvor noch schier unmöglich schien, geschah im Frühjahr 1990 – die Gründung eines deutschdeutschen Unternehmens: der **Kraftwerks- und Netzgesellschaft mbH**. Für den an lange Entscheidungsprozesse und schleppende Realisierung von Investitionsvorhaben gewohnten (ehemaligen) DDR-Bürger entstand dann in einem rasanten Tempo das Kraftwerk Rostock.

Zum besseren Verständnis dieser genannten Entwicklungen zunächst eine kurze Rückschau über die DDR-Energieversorgung bis Ende der 80er Jahre.

I. Ausgangslage. Zur Energiesituation der DDR in den späten 80er Jahren

Etwas Geschichte

Im Zuge der deutschen Teilung und der Umgestaltung der Volkswirtschaft in der SBZ/DDR nach sowjetischem Vorbild ent- und bestanden hierzulande wirtschaftliche Strukturen, die geprägt waren durch Staatseigentum (Volkseigene Betriebe - VEB) und zentrale Planung.

Als Teil der Gesamtwirtschaft war die Energieversorgung der DDR davon nicht ausgenommen. Neben der aus Kriegs- und Nachkriegstagen herrührenden, schließlich systembedingten Mangelwirtschaft und einer unterschiedlich ausgeprägten administrativen und technologischen Ineffizienz waren besonders regelmäßige Veränderungen der Verwaltungsstrukturen Gestalt verleihende Merkmale. Damit funktionierte die DDR-Wirtschaft bis zur „Wende" 1989/90 aber nach anderen Prinzipien als die der Bundesrepublik.

Die administrative Umgestaltung der Energieversorgung begann mit der zum 1. Juli 1948 vollzogenen Gründung der sog. **Energiebezirke**:

Nord für die Länder Mecklenburg und Brandenburg
Ost   für das Land Sachsen
West für das Land Sachsen-Anhalt
Süd   für das Land Thüringen
Mitte für die ehem. Reichselektrowerke

Steinkohlekraftwerk Rostock Ende der 90er Jahre

Sie er- und umfaßten die regionale und Teile der kommunalen Elektrizitätsversorgung, eine Reihe von Gaswerken und einige Wasserwerke. Der **Energiebezirk Nord**, zum Beispiel, übernahm so die Zuständigkeit für die Produktion, die Groß- und teilweise auch die Kleinverteilung der Elektroenergie in Brandenburg und in Mecklenburg.

Diesen Energiebezirken, die zentral verwaltete **Vereinigungen Volkseigener Betriebe** (VVB <Z>) waren, übertrug die **Deutsche Wirtschaft Kommission** (DWK)[26] bereits verstaatlichte bzw. zwangsverwaltete Betriebe aber auch sog. Vermögenswerte kommunaler und anderer öffentlicher Unternehmen. U.a. gingen die BMEW im **Energiebezirk Nord** auf. Durch die zonale Verwaltung, die Energiebezirke unterstanden direkt der Hauptverwaltung Energie der DWK in Berlin bzw. nach Gründung der DDR der Hauptverwaltung Energie im Industrieministerium, verloren die Länder ihren letzten Einfluß[27] auf die Energieversorgung. Auf Grundlage einer „Verordnung über die wirtschaftliche Betätigung der Gemeinden und Kreise (Kommunalwirtschaftsverordnung)" vom 24. November 1948 mußten die Städte und größeren Gemeinden sogenannte **Kommunalwirtschaftsunternehmen** (KWU) bilden. Diese entstanden dann schrittweise in den nächsten Monaten. Sie umfaßten (fast) alle kommunalen Unternehmen bzw. Eigenbetriebe, also auch Stadtwerke bzw. städtische Elektrizitätswerke. Auch diese KWU waren Volkseigentum. Viele noch private bzw. sequestrierte Energieversorger wurden zugunsten dieser neuen Unternehmen enteignet. Sowohl die Energiebezirke in der genannten Gestalt als auch die KWU waren nicht von langem Bestand. Erstere wurden zum 1. Januar 1951 geographisch und administrativ neu strukturiert, zweitere löste man bereits zum 31. März desselben Jahres wieder auf.

An Stelle des Mecklenburg(-Vorpommern) und Brandenburg umfassenden „alten" **Energiebezirkes Nord** entstand nun ein neuer **Energiebezirk Nord**, nur noch zuständig für die Versorgung des Landes Mecklenburg(-Vorpommern). Die städtischen Elektrizitätswerke gliederte man entweder, wie in Wismar, diesem Regionalversorger ein oder sie erhielten, wie in Rostock, als VEB (K) – (K) stand für „kommunal" – ihre Selbständigkeit zurück.

Doch auch diese Organisationsformen stellten nur ein Zwischenspiel dar. Im Frühjahr 1952 sah sich die DDR-Führung gezwungen, die Energiebezirke endgültig aufzulösen. Hatten sie sich doch als zu schwerfällig erwiesen. Rückwirkend zum 1. Januar 1952 bildete man aus ihren Betriebsdirektionen (BD) formal eigenständige VEB: so entstand aus der BD Rostock der VEB Energieverteilung Rostock(-Land) und aus der Netzdirektion Nord der VEB Verbundnetz Nord mit Sitz in Schwerin. Diese aus dem **Energiebezirk Nord** hervorgegangenen VEB faßte man in einer Verwaltung Volkseigener Bertriebe (VVB) der Energiewirtschaft Rostock zusammen. Aus Raumgründen hatte diese VVB aber ihren Sitz in Schwerin. Aus dem VEB (K) Elektrizitätswerk Rostock wurde am 1. Januar 1953 der **VEB Energieverteilung Rostock(-Stadt)**, der am 1. April 1953 mit der anderen Rostocker Energieverteilung vereinigt wurde.

Mitten in diesen Reorganisationsprozeß „platzte" ein Ereignis, das aufgrund seiner politischen Natur (zunächst) scheinbar wenig mit Wirtschaftsordnung in der DDR zu tun hatte: die Auflösung der Länder und die Gründung von (Verwaltungs)Bezirken. Aus dem Land Mecklenburg entstanden so zum Beispiel die Bezirke Neubrandenburg, Rostock und Schwerin.

Zu dem Bemühen der DDR-Führung gehörte es aber die neuen administrativ-geographischen Strukturen des Staates – die Bezirke (14 + Ostberlin) – und die Grenzen der Wirtschaftsräume (annähernd) deckungsgleich zu gestalten. Für die Elektrizitätsversorgung bedeutete dies:

Ein Bezirk –
ein Versorgungsunternehmen.

Diese Veränderungen in der politischen Landschaft der DDR besaßen eine große Nachhaltigkeit und ihre Langzeitwirkungen lassen sich bis in die heutigen Tage finden.[28]

So entstanden am 1. August 1954 vierzehn bezirkliche **VEB Energieversorgung**. Diese waren reine Stromversorger und hatten ihren Verwaltungssitz in der jeweiligen Bezirksstadt. Die Gasversorgung organisierte sich in der **VEB Gasversorgung** ihres Bezirkes.

Aber auch diese Konstruktion hatte nur kurzen Bestand. Am 1. Juli 1958 wurden beide Bereiche wieder unter einem organisatorischen Dach zusammengeführt. Dieses führte den Namen **VEB Energieversorgung ...**, war verantwortlich für die Versorgung ihrer Abnehmer mit Strom, Gas und später auch mit Fernwärme. In ihrer Zuständigkeit befanden sich alle Übertragungs- und Verteilungsnetze bis 110 kV und die kleineren öffentlichen Kraftwerke. So z.B. in Rostock - das Kraftwerk Bramow.

VEB ENERGIEVERTEILUNG ROSTOCK
Volkseigener Betrieb der Energiewirtschaft
VVB der Energiewirtschaft Rostock

Das Hochspannungsnetz über 110 kV dagegen wurde von den drei **VEB Verbundnetz** – Ost, West und Mitte – betrieben und unterhalten. Diese VEB übernahmen die Elektrizitätsübertragung von den Großkraftwerken in den Braunkohlerevieren zu den einzelnen Energieversorgungen. Für den Bezirk Rostock bzw. für die **Energieversorgung Rostock** war das **Verbundnetz Mitte** mit Sitz in Berlin zuständig.

Im Resultat dieser Entwicklung der Jahre zwischen 1948 und 1958 *wurde eine einheitliche Energiewirtschaft geschaffen, deren organisatorischer Aufbau in mehreren Stufen erfolgte. Ziel war hierbei die Dezentralisierung und Übertragung der öffentlichen Versorgung an die Verwaltungsbezirke für ihren Bereich und die straffe Zentralisierung aller Aufgaben die nicht auf der Ebene eines Verwaltungsbezirks gelöst werden können. Die Eigenversorgung der großen Industriebetriebe, insbesondere solcher mit großem Wärmebedarf, liegt in der Regel in den Händen der betreffenden volkseigenen Betriebe. Beide Bereiche der Energiewirtschaft – die Eigenversorgung und die öffentliche Versorgung – erhalten ihre Planaufgaben unmittelbar oder mittelbar von der*

*Staatlichen Plankommission.*²⁹
In der Fortführung dieser wirtschaftspolitischen Richtung gründete die DDR am 1. April 1963 zwei **Vereinigungen Volkseigener Betriebe** (VVB)
* die VVB Energieversorgung
   - die alle Bezirksversorger und das Verbundnetz
* die VVB Kraftwerke
   - die alle Groß- und größeren Kraftwerke

umfaßten. Das Kraftwerk in Bramow blieb allerdings aufgrund seiner Größe, seines Alters und seiner Funktion in der Zuständigkeit der **Energieversorgung Rostock**.

Nach monatelanger Vorbereitung wurde am 1. Januar 1969 Rostock zu einem „Versuchslabor" der DDR-Wirtschaftsleitung: Auf zentrale Weisung führte man die drei VEB Energieversorgung Neubrandenburg, Rostock und Schwerin den Netzbetrieb Nord des VEB Verbundnetz ohne dessen 220-kV-Anlagen in einem Modellversuch zum **VEB Energiekombinat Nord** (EKN) zusammen.

Würde sich diese Konstruktion bewähren, sollten die anderen Energieversorgungen ebenfalls in überbezirkliche Energiekombinate zusammengefaßt werden. Dies geschah zum 1. Januar 1970.

Die neuen Energiekombinate waren für die Versorgung mit Elektrizität, Gas und Fernwärme verantwortlich. In die Zuständigkeit des EKN fielen so z.B. die beiden HKW in Bramow und in Marienehe.

Gleichzeitig mit dem EKN teilte man den **VEB Verbundnetz** in das **Verbundnetz Elektroenergie** und **Verbundnetz Gas** auf. Mitte der 70er Jahre erwies sich dieses Gefüge überregionaler Energieversorger als zu schwerfällig und was als hoffnungsvolles Experiment begonnen hatte, scheiterte. Zum 1. Januar 1980 entstanden erneut 15 bezirkliche Energieversorgungsunternehmen – als **VEB Energiekombinat ....** Diese Energiekombinate bestanden bis zur Währungsunion 1990. Zum 1. Juli 1990 wurden sie in Kapitalgesellschaften in Gestalt von Aktiengesellschaften umgewandelt. So entstand in den nachfolgenden Wochen aus dem **VEB Energiekombinat Rostock** die **Hanseatische Energieversorgung Aktiengesellschaft** (HEVAG), die zunächst denselben Versorgungsraum besaß wie ihr Vorgängerunternehmen.

Gleichzeitig begannen aber wie in ganz Ostdeutschland tiefgreifende Veränderungen. Zum einen mußte ein auf die Marktwirtschaft orientiertes Management und eine entsprechende Firmenstruktur aufgebaut werden. Dies geschah in Zusammenarbeit mit einer Reihe großer westdeutscher Energieversorger. Dazu gehörten u.a. die **PreussenElektra**, das **Bayernwerk** und das **RWE**. Zum anderen änderte sich das Profil. Zunächst wurde gezwungenermaßen das Gasgeschäft abgespalten.

Später gliederte man auch die Fernwärme aus. Entstehende Stadtwerke übernahmen diesen Bereich. Bald begannen diese auch in das Stromgeschäft einzusteigen.

Die großen Braunkohlekraftwerke der DDR waren in den 80er Jahren im **VE Kombinat Braunkohlekraftwerke**, Jänschwalde, vereinigt, das Verbundnetz im **VE Kombinat Verbundnetze Elektroenergie**, Berlin. Aus beiden Kombinaten entstand dann nach der Wende die **Vereinigte Energiewerke Aktiengesellschaft**, Berlin (VEAG).

Mit der Liberalisierung des Strommarktes seit 1998 entstanden neue Aufgaben und Probleme für die Elektrizitätsversorger in Deutschland. Eine Lösung sahen die Verantwortlichen in der Fusion verschiedener kleinerer zu größeren Unternehmen. So ging im Frühjahr 1999 die HEVAG gemeinsam mit drei weiteren ostdeutschen Regionalversorgern in der **e.dis Energie Nord AG** mit Sitz in Fürstenwalde/Spree auf.

Alle diese Strukturveränderungen zu DDR-Zeiten – ähnliche waren in (fast) allen anderen Wirtschaftszweigen zu finden – dienten allein einem Hauptzweck, der Bewältigung des Effizienzproblems. Kurzzeitige Erfolge änderten nichts an der Tatsache, daß dieses Problem ein systemimmanentes war. So mußten diese Wandlungen letztendlich ihr Ziel verfehlen.

Die Entwicklung der Elektrizitätswirtschaft hierzulande stand nach 1945 zunächst für einige Jahre unter dem Zeichen – Bewältigung der Kriegs- und Nachkriegsfolgen (Zerstörungen und Demontagen). Der allseits vorhandene Mangel an Brennstoffen, Material, Ersatzteilen bzw. Ausrüstungen und Fachpersonal behinderte deren zügige Bewältigung äußerst stark. Improvisation stand allenthalb in jenen Jahren auf der Tagesordnung. Für den Norden kam die Konzentration der Industrie im Berliner Raum und im Süden der SBZ/DDR erschwerend hinzu. Diese und dabei vor allem die Reparationsbetriebe waren vorrangig zu versorgen. So dauerte der Wiederaufbau in Mecklenburg und Vorpommern bis in die 50er Jahre.

Einen authentischen Einblick in die damalige Situation bietet nachfolgender Zeitungsbericht aus dem Sommer 1945:

Wie werden Brandenburg und Mecklenburg mit Strom versorgt?

Es muß Strom zum Drusch geben – das weiß ein jeder Bauer in den vielen Dörfern von Brandenburg und Mecklenburg, in denen es vorläufig noch keinen gibt.

Das wissen auch die neuen Verwaltungsmänner in der MEW (Märkisches Elektrizitätswerk Aktiengesellschaft) und sie handeln unter Leitung des neuberufenen Direktors, Herrn Jungk, danach.

Heute ist die Wiederherstellung der Hochvoltspannungen, die ebenso wie viele Kraftwerke der verbrecherischen Kriegsverlängerung Hitlers zum Opfer gefallen sind, in vollem Gange.

Etwa 20 Kraftwerke speisen bereits das MEW-Netz. Eines der bedeutendsten davon ist selbstverständlich Finkenheerd, wo bekanntlich Braunkohle im Tagebau gefördert wird und somit das Kohlenproblem gelöst ist. Aber die Leitungen von Finkenheerd sind noch nicht wiederhergestellt.

Übrigens nahm am 8. Juli die Strassenbahn in Frankfurt a.O. ihren Betrieb auf – ebenfalls gespeist durch Finkenheerd. Besondere Bedeutung ist dem Kraftwerk in Potsdam beizumessen, das nicht nur Potsdam und Umgebung, sondern auch Wannsee und Babelsberg mit Strom versorgt.

In Rostock und Fürstenwalde arbeiten die Kraftwerke ebenfalls schon mit Braunkohle.

Wenn heute die Kraftwerke der MEW zum Teil die Stadtbevölkerung, Mühlen, Molkereien, Betriebe usw. mit Strom versorgen, so wird in kurzen Wochen die Stromversorgung der Dreschmaschinen zum unausweichlichen Gebot der Stunde werden.

Die Schwierigkeiten, die im Wege stehen, sind groß. Es handelt sich vor allem um den Transport von Braunkohle, um Ausbesserung und Neuanlegung der Leitungen, um Wiederherstellung der zerstörten und beschädigten Betriebe. Es wird alles getan, um die Möglichkeiten der Errichtung von Hydrokraftwerken zu verwirklichen. ... In anderen Städten werden Diesel- und Dampfkraftwerke errichtet ... Dennoch aber liegt die Hauptlast der Verantwortung auf den Männern, die mit der Wiederherstellung der zentralen Hochspannungs-Versorgungssysteme der MEW betraut sind.

„Wir müssen und werden es schaffen. In einem Monat soll wenigstens minimal in allen Dörfern Mecklenburgs und Brandenburgs Strom für den Drusch da sein", - sagt Herr Jungk.

Energische und kunstreiche Organisation, selbstloser Einsatz der Tausenden bei der MEW arbeitenden Ingenieure, Techniker, Monteure, Heizer, Bergleute, Schalttafelwärter und schöpferische Initiative in Stadt und Land müssen verlustlose und rasche Einbringung der Ernte, den Drusch, sicherstellen.

Das ist eine schwere, verantwortliche, aber überaus wichtige Aufgabe.[30]

Anfang der 50er Jahre begann in der DDR der Aufbau einer von westlichen Anlagenlieferungen unabhängigen und auf Braunkohle basierenden Kraftwerksbasis. 1957 beschloß die DDR-Führung ein Kohle- und Energieprogramm, das die vorrangige Entwicklung der Energiewirtschaft bei gleichzeitiger Orientierung auf die Nutzung einheimischer Rohstoffe – d.i. die Braunkohle – be-

Luftaufnahme Kraftwerk Jänschwalde

schloß. Parallel dazu erfolgte der weitere Ausbau des Verbundsystems. Das energetische Herz der DDR wanderte endgültig in die Braunkohlereviere im Süden, in die Lausitz und in den Raum Halle-Leipzig. Hier entstanden seit den späten 50er Jahren eine Reihe von Großkraftwerken.

Da die Braunkohle auch von der schnell wachsenden Chemieindustrie Mitteldeutschlands benötigt wurde, setzte man seit Mitte der 50er Jahre perspektivisch auf die Nutzung der Kernenergie. Geplant war beginnend in den 60er Jahren eine Vielzahl solcher Kraftwerke zu errichten.

1966 ging als Versuchs-Kernkraftwerk das 70-MW-KKW Rheinsberg im Norden Brandenburgs ans Netz. 1974 folgte der erste Block des KKW Greifswald-Lubmin. Es folgten Block 2 – 1975, Block 3 – 1978 und Block 4 – 1979. Beim Ausbau dieses KKW kam es aufgrund wirtschaftlicher aber auch technologischer Probleme zu Verzögerungen, so daß der volle Ausbau - Block 5 bis 8 (geplant von 1980 bis 1983) bis zum Ende der DDR nicht mehr abgeschlossen werden konnte. Ein weiteres Kernkraftwerk in Stendal kam über den Rohbau nicht hinaus.

Der Energiebedarf der DDR wuchs bis zu ihrem Ende beständig. Seit Anfang der 50er Jahre war man schrittweise von den rigiden Einschränkungen für die Bevölkerung - Flächenabschaltungen, Kontigentierungen - abgegangen. Die Industrie unterlag aber weiterhin Restriktionen. Permanente Sparappelle begleiteten dies.

Ende der 50er Jahre gelang es, einen labilen Ausgleich zu schaffen, der jederzeit besonders in Krisensituationen, wie in dem extremen Winter 1978/79 umkippen konnte. Alles in allem blieb die Versorgungslage besonders zu Spitzenbelastungszeiten im Winter immer sehr angespannt. Letztendlich wurde Energie sogar verschwendet und das in

Kernkraftwerk in Greifswald-Lubmin

großem Maßstab, denn tatsächliche wirtschaftliche Anreize, sparsam mit Energie umzugehen, gab es nicht. Andererseits konnte das vorhandene Einsparungspotential vor allem aufgrund der beständig größer werdenden technologischen Rückständigkeit der Industrie selbst beim besten Wollen der Verantwortlichen nicht ausgeschöpft werden. Hinzu kam eine dauerhafte Devisenknappheit der DDR. Das führte in den späten 70er und frühen 80er Jahren zu einer verstärkten Orientierung auf die Braunkohle zur Erzeugung von Strom und Wärme. Zudem sollten sog. veredelte Energieträger, besonders wenn sie importiert werden mußten (Heizöl im speziellen), durch Rohbraunkohle abgelöst werden. 1988 wurden 85 % der Elektroenergie in Braunkohlekraftwerken produziert. In die Geschichte der Energiewirtschaft der DDR ist dies als „Heizölsubstitution" eingegangen. Dadurch entstanden teilweise gigantische Folgekosten. In Neubrandenburg z.B. erfolgte die Umrüstung von Heizöl auf Rohbraunkohle durch den Quasi-Neubau des Heizkraftwerkes.

Die ökologischen Folgen der Verstromung aber auch des unter immer ungünstiger werdenden Bedingungen stattfindenden Abbaues der Braunkohle, waren katastrophal. Mondlandschaften in den Abbaugebieten, Luftverschmutzung, Waldsterben: Die Großkraftwerke besaßen keine Entschwefelungsanlagen. Die Rauchgasentschwefelung kam über das Probestadium nicht hinaus. Ende der 80er Jahre stammten von allen in der DDR verursachten Emissionen aus den Braunkohlenkraft- und heizwerken 27 % der Stickoxide, 34 % des Staubes, 39 % des Kohlendioxides und 51 % des Schwefeldioxides. Dies war nicht nur an den Kraftwerksstandorten im Süden sondern auch hier im Norden zu spüren. Die tieferen Gründe dafür waren mannigfaltig: auf jeden Fall der Devisenmangel, aber auch eine fehlende Einsicht der Politbürokratie, für die Umweltschutz viele Jahre eine Kampfparole des „Klassenfeindes" war.

Mit dem verstärkten Setzen auf Rohbraunkohle war ein weiteres Problem verbunden, das des Transportes. Was in den zu den Tagebauen nahegelegenen Kraftwerken noch funktionierte, bereitete bereits bei etwas größeren Entfernungen ernsthafte Schwierigkeiten. Denn der Transport erfolgte auf dem Schienenweg. Immer wieder blockierten Kohlezüge wichtige Eisenbahnstrecken. Zumal diese selbst wieder Energie verbrauchten.

Ein neues HKW

Seit Gründung der Bezirke im Sommer 1952 stand Rostock in der Funktion einer „Bezirksstadt". War die Stadt bis dahin das wirtschaftliche und kulturelle Zentrum Mecklenburgs, wurde sie nun auch ein politisch-administratives. Das hatte zur Folge, daß neben einer Aufwertung der Stadt im ranking der DDR-Großstädte sich hier personalintensive Verwaltungseinrichtungen (Staat, Parteien, sog. Massenorganisationen) konzentrierten. Hinzu kam, daß nach der Demontage der Flugzeugindustrie - mit der Neptunwerft, die Reparationsaufträge auszuführen hatte, gab es nur noch einen Großbetrieb - seit 1947/48 eine Reindustrialisierung des Standortes in Gestalt der Erweiterung des Schiffbaus (Neubau der Warnow-, Ausbau der Neptun-Werft, Dieselmotorenwerk) forciert wurde. Rostock war ein Aufbauschwerpunkt der DDR. Das auf dem Gelände der Heinkel-Flugzeug-Werke entstandene Fischkombinat war eines der größten DDR-Unternehmen der Nahrungsmittelindustrie. Es hatte eine eigene Fangflotte. Zwischen 1957 und 1960 baute man außerdem den DDR-Überseehafen. Heimathafen der DDR-Handelsflotte. In den 80er Jahren entstand in Poppendorf, nahe der Stadt, mit französischer Hilfe ein Düngemittelwerk. Weiterhin war die Stadt seit Gründung der DDR-Armee (*1956) wieder Garnison. Hier konzentrierten sich größere Truppenteile und Einheiten. Schließlich war Rostock eine Universitätsstadt mit zum Schluß ca. 6.000 Mitarbeitern und 6.000 Studenten.

Die Einwohnerzahl Rostocks wuchs so von 117.000 (1946) auf fast eine viertel Million (1989). Die Stadt war und blieb die größte in Mecklenburg bzw. in Mecklenburg-Vorpommern. Eine Reihe Neubaugebiete entstanden. Besonders die im Nordwesten zwischen der eigentlichen Stadt und Warnemünde gelegenen Stadtteile sollten anders als die Südstadt, die über eigene Heizzentralen verfügte, mit Fernwärme versorgt werden. Diese kam aus den HKW Bramow und Marienehe. In den 80er Jahren baute man dann östlich der Warnow. Ihre Fernwärmeversorgung wurde zum Problem. Marienehe lag am anderen Ufer. Durch den Fluß mußte 1985 ein Düker gelegt werden. Die Kapazität des Werkes war allerdings begrenzt und sein weiterer Ausbau aufgrund der Lage in Nähe von Wohngebieten schlecht möglich.

Die Lösung war allein der Bau eines neuen Heizkraftwerkes, das zudem noch günstig zu seinen Abnehmern liegen sollte. Dort, wo die Stadt wuchs, also östlich der Warnow. Mehrere Standortvarianten kamen in Frage und wurden diskutiert, so Bentwisch oder der Überseehafen. Sogar die Südstadt wurde in Erwägung gezogen. Ja – selbst eine Erweiterung Marienehes lag im Bereich der Überlegungen. Letztendlich entschieden sich die Verantwortlichen für Poppendorf. Warum? Poppendorf ist eine kleine Gemeinde am südöstlichen Rand Rostocks. Die Rauchbelästigung der Einwohner, wie sie besonders durch die kleinen dezentralen Heizanlagen auftrat, schien hier vermeidbar, denn das neue HKW hätte ausreichend Abstand zu den Wohngebieten. Dies war auch notwendig, wollte man doch Rohbraunkohle verfeuern. Zwar war geplant, das *in der DDR entwicklte (.) Verfahren zur Rauchgasentschwefelung im HKW Poppendorf* einzuführen[32], aber der Umweltschutz war in der letzten Konsequenz noch immer keine Rechnungsgröße in Berlin. Außerdem stand an dieser Stelle seit Mitte der 80er Jahren ein großes Düngemittelwerk.

Die Pläne des Energiekombinates Rostock sahen 1985/1986 den Bau des HKW Poppendorf (6 x 40 t/h und 2 x 12 MW) und der Fernwärme-Hauptransportleitung Poppendorf - Dierkow als eine der wichtigsten Investitionen der nächsten Jahre vor. Die Inbetriebnahme dieses neuen, vollautomatischen Heizkraftwerkes sahen die Verantwortlichen für 1989/90 (1. Dampferzeuger: 6/89) vor. Die Probleme drängten, denn es ging mittlerweile nicht mehr allein um die Rostocker Fernwärmeversorgung. Bedingt durch erhebliche Verzögerungen in den Projekten Kraftwerk Jänschwalde und Kernkraftwerk Lubmin, die nicht rechtzeitig realisiert werden konnten, sollte durch dieses Vorhaben die Stromversorgung im Norden der DDR gesichert werden. Erschwerend kam hinzu, daß Elektrizitätsimporte aus den RGW-Staaten nicht in geplanter Höhe kamen. In der gesamten DDR mußten alle Anlagen soweit als möglich ausgelastet werden. Alte Kraftwerke, wie das in Peenemünde oder das Bramower, die bereits für die Stillegung vorgesehen waren, hatten nun eine „Perspektive" bis 1990 und darüber hinaus. Also bedurfte es auch aus diesen Gründen eines neuen Kraftwerkes.

Neben den genannten Haupteffekten erhoffte sich das Rostocker Energiekombinat die Möglichkeit der Nutzung von „Anfallenergie" bei der Produktion im Düngemittelwerk (max. 30 MWth) für die Fernwärmeversorgung der Stadt. Außerdem bestand die Führung der DDR auf der konsequenten Fortsetzung des „Substitutionsprogramms". Der Einsatz von Rohbraunkohle sollte bis 1990 im Vergleich zu 1986 um sage-und-schreibe 762,1 % ansteigen! Mit der Inbetriebnahme des HKW Poppendorf wollte man den Einsatz dieses Energieträgers im Bezirk Rostock forcieren.

Düngemittelwerk der Hydro Agri AG in Poppendorf bei Rostock

Doch schon 1986 befürchtete der Parteisekretär (!) des Energiekombinates erhebliche Schwierigkeiten beim termingerechten Bau des neuen HKW: Wir werden – hieß es in einer Rede im November des Jahres – *im Jahre 1990 in Poppendorf bei Rostock ein auf Braunkohlenbasis betriebenes Heizkraftwerk in Betrieb nehmen. Die Vorbereitung und Durchführung dieser Investition ist von enormer politischer Bedeutung für die Sicherung der Wärmeversorgung der Bezirksstadt und muß deshalb im Zentrum unseres politischen Wirkens* stehen. - *Der bisherige Stand der Investitionsvorbereitung läßt leider noch nicht den Schluß zu, daß das Objekt auch tatsächlich 1990 seinen Betrieb aufnehmen kann.*[33] Im Januar 1987 ging die Kombinatsleitung noch davon aus, daß die konkrete Personalplanung im September des Jahres beginnen könnte. Nachdem schon einige vorbereitende Baumaßnahmen in Angriff genommen worden waren, verschob das Ministerium für Kohle und Energie mit einer Anordnung vom 15. Mai 1987 aufgrund fehlender „Kapazitäten" das „Investitionsobjekt HKW Poppendorf" auf 1990. Die Angelegenheit kam zum Ruhen. Einen gewissen Ausgleich versprach der genehmigte Einbau eines weiteren Heißwassererzeugers (HWE 5 mit einer Leistung von 116 MW) im HKW Marienehe, *als Ersatzvariante für die Verschiebung des Inbetriebnahmetermins für das HKW Poppendorf nach 1990.*[34] Allerdings sahen die Mitarbeiter des Energiekombinates Rostock dadurch größte Probleme auf sich zukommen, denn *die Inbetriebnahme sei auf Grund der völligen Auslastung der Kapazitäten in den Heizkraftwerken Bramow/M'ehe und des unbedingt erforderlichen Ausgleichs für den Erdgasdarbietungsrückgang (bis Null) nicht weiter aufschiebbar.*[35] Gleichzeitig sollte der Betrieb des Heizwerkes Dierkow durch Sanierung bis 1990 verlängert werden.

Die Jahre 1988/89 brachten eine weitere Zuspitzung der Krise mit sich. Investitionen im Baubereich waren in einem dramatischen Ausmaße rückläufig. Geplante Großvorhaben der DDR, wie das neue Kernkraftwerk in Stendal oder der weitere Ausbau des KKW Greifswald-Lubmin, verzögerten sich erheblich. Der Verschleißgrad der Energieversorgungsanlagen hatte ein Ausmaß, wie in den Tagen nach Kriegsende, erreicht. Im Energiekombinat Rostock lag er bei
* Elektrizität = 54,43 %
* Gas = 58,70 %
* Fernwärme = 35,60 %.

Daneben artikulierte sich zunehmend und kaum noch überhörbar, Kritik aus der Bevölkerung an der Energiepolitik der DDR. So kam es in Schwerin, aus Angst vor Elektrosmog, zu Protesten gegen eine neue 110-kV-Leitung und in Greifswald organisierten Kernkraftgegner eine Ausstellung gegen das KKW.

Der trotz Wirtschaftskrise wachsende Strombedarf konnte nicht mehr durch die eigenen Kraftwerke gedeckt werden. Für 1990 sah die Planung einen Stromimport von 320 MW aus der Bundesrepublik vor. Das Ministerium für Kohle und Energie suchte einen Ausweg aus dieser eigentlich mit eigenen Kräften nicht mehr lösbaren Situation durch u.a. die verstärkte Nutzung regenerativer Energien. Außerdem sollte das Projekt Poppendorf noch einmal überarbeitet werden.

II. Die Gründung der Kraftwerks- und Netzgesellschaft

Am 23. März 1990 wurde die **Kraftwerks- und Netzgesellschaft mit beschränkter Haftung** (KNG) mit Sitz in Ost-Berlin als Gemeinschaftsunternehmen mehrerer ost- und westdeutscher Energieversorgungsunternehmen gegründet:[36]

* Kombinat Kernkraftwerk „Bruno Leuschner", Greifswald
* Kombinat Braunkohlenkraftwerke, Peitz
* Kombinat Verbundnetze Energie, Berlin
* Energiekombinat Rostock
* Intrac Handelsgesellschaft mbH, (Ost) Berlin[37]
* PreussenElektra AG, Hannover
* Bayernwerk AG, München.

In ihrem gemeinsam am 1. März 1990 an das Wirtschaftskomitee beim Ministerrat der DDR vorgebrachten *Antrag auf Genehmigung eines Gemeinschaftsunternehmens* der Antragsteller formulieren diese ihre mit dem Gründungsvorhaben verbundene *Zielstellung*:

– *die energiewirtschaftliche Basis bei Gewährleistung einer hohen Sicherheit zu verbreitern,*
– *die Wirtschaftlichkeit der Versorgung sowie des rationellen Energieeinsatzes zu verbessern und dadurch die Bevölkerung der DDR sicher und preisgünstig mit elektrischer Energie zu versorgen,*
– *Optimierung der Energieerzeugung und -verteilung,*
– *der Beachtung ökologischer Anforderungen. ...*

Gegenstand des Unternehmens ist die Planung, die Errichtung, der Erwerb und der Betrieb von energiewirtschaftlichen Anlagen zur Erzeugung und Lieferung von elektrischer Energie und Wärme, beginnend mit
– *je einem Steinkohlekraftwerk an den Standorten Lübeck und Rostock mit einer elektrischen Leistung von je 500 MW,*
– *den 380-kV-Doppelleitungen Mecklar - Vieselbach Redwitz - Remptendorf ...*[38]

Möglich wurde dieses deutsch-deutsche *joint-venture* durch die Wende in der DDR 1989/90 und einer damit verbundenen *Verordnung über die Gründung und Tätigkeit von Unternehmen mit ausländischer Beteiligung in der DDR vom 25. Januar 1990.* Hintergrund war die Energieversorgungslage und ein darauf reagierendes neues Energie-Konzept der DDR.

Die energiewirtschaftliche Situation vor Augen begann Ende der 80er Jahre ein langsamer Umdenkungsprozeß bei einigen Verantwortlichen. Dazu gehörte, daß man nicht mehr nur auf Rohbraunkohle und Kernkraft setzen wollte.
Außerdem begannen bereits im ersten Halbjahr 1989 vorsichtige Sondierungsgespräche von Vertretern dreier DDR-Energieversorgungsunternehmen - Kombinat Kernkraftwerke, Kombinat Verbundnetze Energie und Energie-

kombinat Rostock - mit der Preussen-Elektra. Man wollte westliches knowhow und Kapital zur Überwindung der Krise nutzen. Die politischen Ereignisse begannen allerdings seit Frühsommer 1989 die Entwicklung zu überholen.

Diese beiden Tendenzen wurden im Winter 1989/90 in einer breiten Diskussion um ein neues DDR-Energiekonzept, die infolge der politischen Veränderung seit Herbst 1989 auf die Tagesordnung gekommen war, zusammengeführt und vor allem präzisiert. In einem internen Diskussionsmaterial jener Tage aus Regierungskreisen heißt es, die Problemlage und die Ziele zusammenfassend, u.a.:

<u>Was soll mit einem neuen Energie-Konzept erreicht werden?</u>
* *Jederzeit stabile Versorgung mit Energieträgern*
* *Kurzfristige Beseitigung ökologischer Katastrophen-Punkte*
* *Schrittweise Annäherung der ökologischen Bedingungen an das Niveau fortschrittlicher Industrieländer*
* *Reduzierung der Braunkohleförderung*
* *Hohes Sicherheitsniveau in den Kernkraftwerken*
* *Ökonomische und technisch realistische Machbarkeit*

<u>Welche Wege müssen bei einem neuen Energie-Konzept beschritten werden?</u>
1. *Radikale Senkung des Energieverbrauches und Vermeidung eines Bedarfzuwachses der Primärenergie*
* *Veränderung der Produktionsstruktur der Industrie der DDR – Von energieintensiver zu intelligenzintensiver Produktion*
* *Beschleunigter Einsatz energiesparender Technologien in der Energieumwandlung – Stillegung veralteter Anlagen*
* *Einsatz energiesparender Anlagen und Ausrüstungen in der technologischen Wärmeversorgung*
* *Beschleunigte Bereitstellung energieeffektiver Konsumgüter insbesondere von Kraftfahrzeugen zur Verlangsamung des Anstiegs von Vergaser- und Dieselkraftstoff*
* *Maximal mögliche Nutzung alternativer Energiequellen – Staatliche Förderung aller diesbezüglicher Initiativen*
2. *Neugestaltung der internationalen Arbeitsteilung bei der Deckung des Primärenergiebedarfs der DDR*
* *Schrittweise Veränderung der Primärenergie-Struktur der DDR durch den Einsatz umweltfreundlicher Energieträger Erdgas, Heizöl und Steinkohle*
* *Betrieb von Verbundsystemen, gemeinsame Nutzung effektiver Kapazitäten*
* *Einschneidende Reduzierung des Exports veredelter und umweltfreundlicher Energieträger*
3. *Sicherung des Bedarfszuwachses an Elektroenergie durch Beschleunigung und Erhöhung des technischen Niveaus bei der Errichtung von Kernkraftwerken*
* *Rekonstruktion der vorhandenen KKW-Blöcke*
* *Ausstattung der im Bau befindlichen Kernkraftwerke mit Spitzenniveau der Sicherheitstechnik*
* *Gemeinsame Projekte bei der Errichtung neuer Kernkraftwerke mit Ländern der EG, insbesondere der BRD und Frankreichs sowie der UdSSR*

4. Prinzipielle Veränderung des Konzepts der Braunkohleförderung und -veredlung sowie der Einsatzstruktur von Braunkohleprodukten
* Reduzierung und vollständige Einschränkung des Rohbraunkohleeinsatzes in kleinen und mittleren Feuerungsanlagen
* Konzentration des Rohbraunkohleeinsatzes auf Feuerungsanlagen, die mit wirkungsvoller Entstaubung und Entschwefelung ausgerüstet sind
* Verringerung der Anzahl der Einzelfeuerstätten in den Stadtzentren, verstärkter Einsatz von umweltfreundlichen festen Brennstoffen, Erweiterung der Fernwärmeversorgung ..[39]

Briefe wurden versandt, Telephonate geführt (Faxen war von östlicher Seite aus noch nicht möglich). Am 11. Dezember 1989 trafen sich in Lübeck erstmals ganz offiziell Vertreter des Rostocker Energiekombinates und der PreussenElektra. Ein Gegenbesuch fand am 16. und 17. Januar 1990 statt. Jetzt waren auch Vertreter der Energiekombinate Neubrandenburg und Schwerin anwesend.

Mit diesen Treffen begann die beidseitig gewünschte und angestrebte Zusammenarbeit zwischen dem Energiekombinat Rostock und einem westdeutschen Energieversorger. Dieser direkte Kontakt – bis dahin liefen solche Verbindungen ausschließlich über zentrale Stellen der DDR – war nun ausdrücklich erwünscht und sollte als Ausgangspunkt für nachfolgende dienen. Denn *durch weitere Erfahrungsaustausche der Spezialisten der verschiedenen Verantwortungsbereiche beider Seiten ist die Zusammenarbeit zum gegenseitigen Vorteil zielstrebig zu vertiefen. Die dazu notwendigen Abstimmungen erfolgen jeweils direkt zwischen den einzelnen Energiekombinaten (EKR, EKS, EKN) mit Preussen Elektra.*[40] Dem Rostocker Unternehmen war damit eine äußerst wichtige Rolle zugedacht worden. Zum einen besaß der Bezirk Rostock eine Grenze zur Bundesrepublik und es bestand hier die Möglichkeit das DDR-Netz mit dem westdeutschen zu koppeln, speziell zur Versorgung im Bereich 220/110 kV und 20 kV. Zum anderen sollte der Bau eines neuen Kraftwerkes in Rostock mit westlicher Unterstützung endlich realisiert werden. So war ein weiteres Ergebnis der Gespräche am 16./17. Januar 1990, daß die PreussenElektra die *bereits laufenden Verhandlungen ... mit Bereichen des Ministeriums für Schwerindustrie der DDR, mit Zielstellung der Vorbereitung und Aufbau eines Kraftwerkes (500 MW el, 300 MW th) mit Standort Rostock, parallel zum Standort Lübeck, mit Inbetriebnahme bis 1995 konsequent fortsetzt.*[41]

Ein Ergebnis dieser Verhandlungen war die Unterzeichnung einer Kooperationsvereinbarung zwischen der PreussenElektra AG und der Bayernwerk AG einerseits und dem VEB Energiekombinat Rostock andererseits am 14. März 1990. Die neuen Partner kamen überein, zu *beabsichtigen, eine langfristige Zusammenarbeit auf allen Gebieten der Energiewirtschaft aufzunehmen. Dazu gehört der Erfahrungsaustausch sowie die Modernisierung und Errichtung von Energieanlagen durch beide Partner. ...* Und weiter: *Die PE/BAG gibt dem EK Unterstützung, insbesondere in Rechtsfragen, bei der*

Sicherung seiner Versorgungsstruktur in seinem bisherigen Absatzgebiet (Territorium Bezirk Rostock) beim Vertrieb von Elektroenergie, Gas und Wärme. Sinngemäß gilt das für den Betrieb vorhandener sowie für die Errichtung neuer Energieversorgungsanlagen.[42] Die Zusammenarbeit sollte u.a. *die Planung, den Bau und den Betrieb umweltfreundlicher neuer Heizkraft- bzw. Blockheizkraftwerke* umfassen.[43] Die Gründung gemeinsamer Gesellschaften wurde ausdrücklich im Bereich des Möglichen gesehen.[44]

Die sich selbst dynamisierende politische Entwicklung zwang allerdings dazu, dieser prinzipiell schon länger ins Auge gefaßten Form der Zusammenarbeit unverzüglich näher zu treten. Zumal die Belegschaft des Energiekombinates der Vereinbarung kritisch gegenüberstand und sie nicht ohne weitere Verhandlungen bestätigen wollte.[45] So gründete man wenige Tage nach der Unterzeichnung dieser Vereinbarung mit weiteren Partnern die KNG. Parallel dazu mußten seitens der beteiligten VEB konkrete Schritte zur Umwandlung dieser in Kapitalgesellschaften unternommen werden. Dabei sah die Unternehmensleitung des Energiekombinates Rostock im geplanten Bau eines Kraftwerkes Rostock Nord/Ost die Möglichkeit eines Arbeitsbeschaffungsprogramms.[46]

Die Gesellschaft hatte ein Gründungskapital von 150.000,00 DDR-Mark: 50 Prozent davon hielten die bundesdeutschen und 50 Prozent die DDR-Gesellschafter. Diese waren:

* die PreussenElektra AG, Hannover, mit einer Stammeinlage
  von 46.500,00 M
* die Bayernwerk AG, München, mit einer Stammeinlage
  von 28.500,00 M
* das Kombinat Kernkraftwerke, Greifswald, mit einer Stammeinlage
  von 30.000,00 M
* das Kombinat Braunkohlenkraftwerke, Peitz, mit einer Stammeinlage
  von 21.000,00 M
* das Kombinat Verbundnetze Energie, Berlin, mit einer Stammeinlage
  von 11.000,00 M
* das Energiekombinat Rostock, Rostock, mit einer Stammeinlage
  von 7.000,00 M
* die INTRAC Handelsgesellschaft m.b.h., Berlin, mit einer Stammeinlage
  von 6.000,00 M

Im Gesellschaftsvertrag war allerdings festgelegt, daß *die Gesellschafter aus der BRD, die PreussenElektra AG und die Bayernwerk AG, ... ihre Gründungsstammeinlagen im Verhältnis 1 : 1 in Deutscher Mark leisten.*[47] Die Organe der neuen Gesellschaft waren die Gesellschafterversammlung und die vier Geschäftsführer, *von denen mindestens zwei Bürger der DDR mit Wohnsitz in der DDR sein mußten.*[48] Außerdem war vorgesehen, daß *der Vorsitz in der Gesellschafterversammlung ... jährlich zwischen den DDR-Gesellschaftern und den BRD-Gesellschaftern wechselt.*[49]

Einige Wochen zuvor, am 12. Februar 1990, hatten die PreussenElektra AG und die Bayernwerk AG gemeinsam mit fünf ostdeutschen Partnern – Kombinat Kernkraftwerke, Greifswald; Kombinat Braunkohlenkraftwerke, Peitz; Kombi-

nat Verbundnetze Energie, Berlin; Kombinat Kraftwerksanlagenbau, Berlin und die Intrac Handels-GmbH, Berlin – in einer *Absichtserklärung* bereits ihren festen Willen zu einer *anzustrebenden Kooperation* formuliert. Diese *Kooperation* sollte nach Auffassung der Partner zunächst Untersuchungen und die Erarbeitung entsprechender Vorschläge zu folgenden Objekten umfassen:
a. Erweiterung des Elektroenergieverbundes einschließlich diesbezüglicher Modernisierung und Netzausbau
b. Errichtung und Betrieb von Steinkohlekraftwerken
c. Errichtung und Betrieb von Kernkraftwerken
d. Errichtung und Betrieb des Pumpspeicherwerks Goldisthal ...

Zur Bearbeitung der Objekte ... gründen die Partner (ohne Hersteller) in der DDR eine Kapitalgesellschaft mit einem Stammkapital von zunächst 150.000,-- Mark. Die BRD-Seite legt davon 75.000,-- DM, die DDR-Seite davon 75.000,-- Mark ein. Um notwendige Entscheidungen vorbereiten zu können, wurde aus hochrangigen Vertretern – *ständigen Beauftragten* - der beteiligten Gesellschaften und Unternehmen ein Arbeitsgremium – Arbeitssekretariat gebildet. Dies war die eigentliche Geburtsstunde der KNG.

Diese Absichtserklärung nahm auch die Idee zum Bau eines neuen Kraftwerkes in Rostock auf.

Am 12. Juni 1990 erfolgte die Registrierung der KNG beim Vertragsgericht (Ost-)Berlin mit dem Gegenstand: *Planung, die Errichtung, der Erwerb und der Betrieb von*
– *je einem Steinkohlenkraftwerk an den Standorten Lübeck und Rostock mit einer elektrischen Leistung von je ca. 500 MW*
– *den 380 kV-Doppelleitungen Mecklar - Vieselbach Redwitz - Remptendorf vorbehaltlich der Genehmigung durch die Energieaufsichtsbehörden.*[51]

Dieser ursprüngliche Unternehmensgegenstand ist auch der Grund für die Firmierung als **Kraftwerks- und Netzgesellschaft**.

KNG KRAFTWERKS- UND NETZGESELLSCHAFT MBH
Kraftwerk Rostock
KNG Kraftwerks- und Netzgesellschaft mbH
Kraftwerk Rostock
Am Autobahnzubringer Überseehafen
18147 Rostock

Im Sommer 1990 wandelten sich die bisher volkseigenen DDR-Gesellschafter der KNG in Kapitalgesellschaften um. So wurden aus

* dem VE Kombinat Kernkraftwerk „Bruno Leuschner", Greifswald, die Energiewerke Nord AG, Greifswald
* dem VE Kombinat Braunkohlekraftwerke, Peitz, die Vereinigte Kraftwerks-AG, Peitz
* dem VE Kombinat Verbundnetz Energie, Berlin, die Verbundnetz Elektroenergie AG, Berlin;

und aus

* dem VE Energiekombinat Rostock, Rostock, die Hanseatische Energieversorgung AG, Rostock (HEVAG).

Diese traten in alle Rechte und Pflichten ihrer Vorgängerunternehmen ein. Anfang 1991 fusionierten die Vereinigte Kraftwerks-AG und die Verbundnetz Elektroenergie AG zur Vereinigten Energiewerke AG (VEAG) mit Sitz in Berlin. Die VEAG übernahm die Gesellschafteranteile dieser beiden an der KNG.

Am 22. August 1990 entschließen sich sowohl die PreussenElektra als auch das Bayernwerk die RWE Energie AG, Essen, zum 1. Januar 1991 „ins Boot zu holen" und an der KNG zu beteiligen. Denn *in Ausführung des mit der DDR und der Treuhandanstalt geschlossenen Vertrages kamen BAG, PE und RWE überein, die Anteilsverhältnisse ... neu zu ordnen. Ziel war, die ... von bundesdeutscher Seite gehaltenen Anteile unter BAG, PE und RWE im Verhältnis 30 : 35 : 35 aufzuteilen. Hierzu war erforderlich, daß PE einen Geschäftsanteil in Höhe von 20.250 DM und BAG in Höhe von 6.000 DM auf RWE übertragen.*[52] Auf der 2. Gesellschafterversammlung am 19. Oktober des Jahres erklären sich dann alle Gesellschafter damit einverstanden, *daß sie im Fall einer Übertragung von Geschäftsanteilen der PE in Höhe von 20.200,- DM und der BAG in Höhe von 6.100,- DM (jeweils auf die RWE Energie AG) ihr Vorkaufsrecht ... nicht ausüben werden. Sie stimmen außerdem der Übertragung ... einstimmig zu.*[53]

Ebenfalls am 22. August 1990 kamen die Verantwortlichen zu der Auffassung, die geplanten 380-kV-Leitungen aus der Zuständigkeit der KNG herauszulösen und in die Verantwortung regionaler Partner zu übertragen (beschlossen auf der 2. KNG-Gesellschafterversammlung am 19. Oktober 1990). Die Verantwortung des Unternehmens für diese Hochspannungsleitungen endete dann zum 31. Oktober 1990. Gegenstand war nun nur noch die Errichtung der beiden Kraftwerke.

Im Frühjahr 1991 schieden sowohl die Intrac als auch die Energiewerke Nord AG auf Wunsch der Treuhandanstalt aus dem Gesellschafterkreis der KNG aus.

Eine der wichtigsten und grundlegendsten Entscheidungen über die weitere Zukunft der KNG fällten ihre Gesellschafter im Mai 1991: *Die an der Gesellschaft beteiligten Unternehmen haben am 28. Mai 1991 beschlossen, das Kraftwerk Rostock – entgegen der ursprünglich im Gesellschaftsvertrag vereinbarten Regelung – nunmehr selbst im Bruchteilseigentum zu errichten ... danach stehen Standortgelände und Kraftwerk im Bruchteilseigentum der Partner, und zwar im gleichen Verhältnis wie ihre Kapitalanteile an der KNG.*[54] Die KNG sollte die Betriebsführung übernehmen. Der Betriebsführungsvertrag wurde dann am 20. Dezember 1991 geschlossen. Durch diesen *ist die Gesellschaft verpflichtet, alle Geschäfte und Maßnahmen durchzuführen, die für eine ordentliche Betriebsführung notwendig sind. Dabei hat die KNG auch die bereits während der Bau- und Errichtungsphase erforderlichen Brennstoffe, Ersatz- und Reserveteile sowie sonstige notwendige Lagermaterialien und die Betriebs- und Geschäftsausstattung im eigenen Namen und auf eigene Rechnung zu beschaffen.*[55] Mit demselben Datum wurde ein Stromlieferungsvertrag zwischen der VEAG und der KNG sowie der *Konsor-*

tialvertrag über die gemeinsame Trägerschaft für das Kraftwerk Rostock (Bruchteilsgemeinschaft) unterzeichnet. Die Bruchteilspartner schließlich beauftragten mit einem Vertrag vom 15. Dezember 1992 die KNG mit der Bauleitung für die Errichtung des Rostocker Kraftwerkes. Im Juli 1993 schloß man dann einen Wärmelieferungsvertrag mit den Stadtwerken Rostock.

Im Laufe des Jahres 1991 entschieden die Verantwortlichen, das Kraftwerk in Lübeck nicht mehr zu bauen. Entgegen einer in Rostock kolportierten Meinung war es nicht der Widerstand von Natur- und Umweltschützern, die sich gegen einen angeblich veralteten Kraftwerkstyp wehrten, sondern die wirtschaftliche Entwicklung jener Jahre, die den Stromkonsum speziell in den neuen Bundesländern rapide sinken ließ. Damit änderte sich natürlich der Gegenstand der KNG. In der Neufassung des Gesellschaftsvertrages vom 10. April 1992 umfaßte dieser nur noch das Kraftwerk in Rostock und die dazugehörenden Aktivitäten.

In diesem Geschäftsjahr wurden auch die ersten 48 Mitarbeiter durch die KNG eingestellt. Bis dahin hatten die Gesellschafter die Erfüllung der anfallenden Aufgaben übernommen.

Im übrigen gilt die KNG nach den Regelungen des Handelsgesetzbuches (§ 267, Abs. 1) als eine sog. „kleine Kapitalgesellschaft".

Mit diesen Entscheidungen und Verträgen endete die Gründungs- und Konsolidierungsphase der KNG. Von nun an mußte sich das Unternehmen voll bewähren.

III. Planung und Bau des Kraftwerkes

Am 27. April 1994 erfolgte die erste Netzschaltung des Kraftwerkes Rostock. Damit erzeugte das Kraftwerk erstmals Strom und speiste in das 380 kV-Versorgungsnetz der VEAG Vereinigte Energiewerke AG (Berlin) ein.[56] Diesem Ereignis ging eine ca. vierjährige Planungs- und Bauphase voraus. Obwohl es keine gravierenden Verzögerungen gab, mußten doch einige Probleme gemeistert werden.

Das Kraftwerk war der erste Kraftwerksneubau in den östlichen Bundesländern.

Spätestens 1989/90 kamen Verantwortliche im Energiekombinat Rostock aus wirtschaftlichen und ökologischen Gründen zur Einsicht, daß die Zukunft der Energieversorgung in der DDR überhaupt und in Rostock im besonderen nicht vorrangig im Einsatz von Rohbraunkohle gesucht werden dürfe. In einem Grundsatzpapier des Kombinates vom Jahresanfang 1990 heißt es: Mit

Stand des Baugeschehens 1992

steigendem Energieverbrauch wurde, den bestehenden Möglichkeiten und Bedingungen entsprechend, ständig verstärkt der Kampf gegen Energieverschwendung und für eine rationelle Energieumwandlung und Energieanwendung geführt. Diese Strategie des Energiekombinates Rostock wurde in ihrer weiteren Entwicklung gestört und zum Teil negativ verändert, insbesondere durch die für die gesamte DDR angewiesene Substitution des Heizöls gegen feste Brennstoffe, den Ersatz von elektrischer Direktheizung und Nachtspeicherheizung vorrangig gegen feste Brennstoffe sowie durch die damalige Staatliche Plankommission diktatorisch entschiedene Einstellung des bereits im Bau befindlichen Kraftwerkes Rostock-Poppendorf. Die dadurch insgesamt für den Bezirk Rostock eingetretene Situation wirkt sich negativ auf die ökologischen Umweltbedingungen aus.[57] Damit war aber auch das Projekt „Poppendorf" in der genannten Form nicht mehr erwünscht. Eine Lösung sah dieses Papier im Aufbau eines gemeinsamen Kraftwerkes DDR/BRD mit Standort Rostock (Nähe Überseehafen) parallel zum Bau des Kraftwerkes in Lübeck, mit einer Leistung von 500 MWel und 300 MWth mit Inbetriebnahme spätestens 1995 [58] vor. Gleichzeitig mit dem Bau des Kraftwerkes erfolgt der Wärmeanschluß aller Wohngebiete östlich der Warnow, der Anschluß der Heizwerke im Osthafen und die landseitige Fernheizleitungsverbindung zum westlich der Warnow vorhandenen Versorgungssystem.[59] Dieses neue Kraftwerk sollte nach den neuesten Umweltstandards und mit einer Steinkohlefeuerung gebaut werden.

Bau und Betrieb wollten die Initiatoren in Form eines gemeinsamen Unternehmens – mit den Anteilseignern: Kombinat Braunkohlenkraftwerke, Kombinat Kernkraftwerke, Kombinat Verbundnetz Energie, Energiekombinat Rostock, Kombinat Kraftwerksanlagenbau und der Intrac von der DDR-Seite und der PreussenElektra aus der Bundesrepublik – verwirklichen. Eine, schließlich nicht umgesetzte Beteiligung, des Bundeslandes Schleswig-Holstein war im Gespräch.

Die in den Gesprächen und Verhandlungen seit 1989 geäußerten Ideen aufgreifend begann die KNG sofort mit den Planungsarbeiten. Schon im April 1990 wurde eine in Hannover ansässige Projektgruppe, die sich paritätisch aus Vertretern des Energiekombinates Rostock und der PreussenElektra zusammensetzte, gebildet. Zu diesem Zeitpunkt gingen die Planer noch davon aus, daß die notwendigen Genehmigungsverfahren ca. 12 bis 18 Monate dauern würden. Im günstigsten Falle sei mit einem Baubeginn Frühjahr 1991 – Rostock – bzw. Ende 1991 – Lübeck – zu rechnen. Insgesamt veranschlagten sie nach Abschluß der Stromlieferungsverträge – diese waren Voraussetzung für den Baubeginn – eine dreijährige Bauzeit.

Das ursprüngliche Gesamtprojekt sah vor, in Lübeck und in Rostock zwei 500-MW-Kraftwerke mit Fernwärmeauskopplung in sog. Monoblockausführung zu errichten. Sie sollten baugleich mit dem Block 5 des **Kraftwerkes Staudinger** (Großkrotzenburg bei Hanau in Hessen) sein.

Kraftwerk Staudinger

Die Gründe für diese Entscheidung waren hauptsächlich
* der hohe Qualitätsstandard und die große Effizienz (Wirtschaftlichkeit unabhängig von der Wärmeauskopplung)
* der Einsatz bewährter Umweltschutztechniken, so daß gesetzliche Vorgaben sicher unterschritten werden können
* der geringe Arbeitskräfteaufwand aufgrund des hohen Automatisierungsgrades, der aber ein hochqualifiziertes Personal verlangt
* eine verhältnismäßig kleine Grundfläche.

Lübeck und Rostock sind Hafenstädte, so daß die Planung von vornherein den Einsatz importierter Steinkohle und in Rostock die Nutzung von Ostseewasser zur Kühlung vorsah. Der Lübecker Standort sollte in Siems sein, wo ein altes Kraftwerk der PreussenElektra zum Abriß kommen würde. Als Problem erwies sich, daß in Lübeck, anders als in Rostock, kein Fernwärmenetz vorhanden war. Dieses müßte ebenfalls erst noch gebaut werden.

Parallel zu diesen Vorarbeiten liefen in Rostock die notwendigen Genehmigungsverfahren und Vertragsverhandlungen an. Nicht unerhebliche Probleme ergaben sich beim Grundstückserwerb am Standort. Denn: *Die für die Errichtung des KW Rostock notwendigen Flächen in der Größe von ca. 465.000 m² (...) haben derzeit <d.i. der Oktober 1990> drei Rechtsträger bzw. Eigentümer, mit denen folgender Verhandlungsstand erreicht wurde:*

a) *Seehafen Rostock AG*
   (Fläche 358.000 m²)
   Mit dem Seehafen Rostock (...) wurde am 27.08.1990 ein notariell beglaubigter Vertrag unterzeichnet, der zunächst Miete, dann Eintragung des Erbbaurechts sowie einen Kauf innerhalb von 5 Jahren vorsieht.
   Dieser Vertrag ist durch den Eigner des Seehafens Rostock, die Treuhandanstalt, genehmigungspflichtig. Entsprechende Verhandlungen wurden aufgenommen.
   Darüber hinaus hat der Senat der Hansestadt Rostock mit Datum vom 06.09.1990 gegen den Vertrag Einspruch erhoben.
   Die Preisvorstellungen liegen zur Zeit um ca. 20,-- DM pro m² auseinander, so daß nicht absehbar ist, ob und wann eine Einigung möglich sein wird.

b) *LPG „Am Breitling"*
   (Fläche ca. 105.000 m²)
   Obengenannte LPG ist Nutzer volkseigener Flächen ... Verfügungsberechtigt war bis 03. Oktober 1990 der Senat der Hansestadt Rostock. Nunmehr ist dies die Treuhandanstalt.
   Ein entsprechend der Gesetzlichkeit der ehemaligen DDR gestellter Antrag an den Senat der Hansestadt Rostock zum Abschluß eines Vorvertrages über den Kauf dieser Fläche konnte nicht mit positivem Ergebnis verhandelt werden.
   Mit Datum vom 05.10.1990 wird nunmehr ein Kaufantrag an die Treuhandanstalt gestellt mit dem Ziel, im Oktober 1990 die Flächen käuflich zu erwerben.

c) *Herr L.*
   (Fläche 1.366 m²)
   Mit Datum vom 17.08.1990 wurde über das Grundstück (...) von Herrn L. ein Vertrag über Miete, Erbbaurecht und Kauf abgeschlossen. Der auch hierzu vorliegende Einspruch des Senats der Hansestadt dürfte durch den Einigungsvertrag gegenstandslos sein.[60]

Mittlerweile drängte die Zeit, denn die Grundstücks- und die Stromlieferverträge waren für den Baubeschluß erforderlich. ... Beschluß: Die Gesellschafterversammlung beauftragt die Geschäftsführung, bis zum 15.11.1990 die Grundstücksverträge ... abzuschliessen.[61] Weitere Probleme traten bei den Verhandlungen über die Wärmelieferung in das Fernheiznetz der Stadt, das noch im Besitz der HEVAG war, auf. Denn inzwischen war die **Stadtwerke Rostock AG** als 100%ige Tochter der Stadt gegründet worden, die die Fernwärmeversorgung übernehmen sollte.

Chronologie weiterer wichtiger Genehmigungen

* Am **3. September 1990** erteilt das Bauordnungsamt der Hansestadt Rostock die Genehmigung zur Durchführung von bauvorbereitenden Maßnahmen.
* Am **11. Februar 1991** genehmigt das Landeswirtschaftsministerium das Kraftwerk nach § 4 Energiewirtschaftsgesetz.
* Am **9. Mai 1991** stimmt die Rostocker Bürgerschaft der Errichtung zu.
* Am **24. Mai 1991** wird die 1. Teilgenehmigung zur Gründung der Block-

gebäude und des Kühlturms durch das Landesamt für Umwelt und Natur erteilt.
* Am **27. August 1991** erfolgt die Erteilung der 2. Genehmigung durch das STAUN Rostock.

Parallel zu diesen Genehmigungsverfahren und Vertragsverhandlungen liefen die Planungs-, Vergabe- und dann die Bauvorbereitungs- bzw. die genehmigten Bauarbeiten. So waren zur 2. Gesellschafterversammlung am 19. Oktober 1990 u.a. das Bekohlungskonzept erarbeitet bzw. mit den Partnern, wie dem Rostocker Seehafen, abgestimmt. Andere Planungen befanden sich im Stadium der Erarbeitung. Die Ausschreibungen für die meisten Arbeiten und die benötigten Anlagen liefen.

Mit der 2. Genehmigung waren – teilweise allerdings mit Auflagen – alle Genehmigungen zum Bau und zum Betrieb des Kraftwerkes erteilt. Dabei wurde stets ein weiterer Ausbau der Anlagen berücksichtigt.

Nachdem im Mai 1991 die Bürgerschaft der Hansestadt Rostock dem Bauvorhaben zustimmte und die Umweltbehörden des Landes Mecklenburg-Vorpommern die 1. Teilgenehmigung erteilt hatten, konnten am 3. Juni 1991 die eigentlichen Bauarbeiten beginnen. Die Arbeiten verliefen zügig. Nach Fertigstellung der Treppentürme fand bereits am 1. Oktober 1991 das Richtfest statt. Die Kesseldruckprobe führte man knapp zwei Jahre später, am 30. September 1993, durch; die dreiwöchigen Zündversuche im Februar des Folgejahres. Mit Eintreffen des ersten Kohleschiffes im Rostocker Hafen am 8. März 1994 begannen die Kohlelieferungen. Die erste Netzschaltung erfolgte am 27. April 1994 und der erfolgreiche Probebetrieb dauerte vom 1. September bis 1. Oktober 1994.

Zirka die Hälfte des Auftragsvolumens für die Planung und die Errichtung des Kraftwerkes kam ostdeutschen Unternehmen zugute. Bis zu 1.200 Beschäftigte waren auf der Baustelle tätig. Auf diese Weise ist das Kraftwerk schon während der Bauphase ein nicht unerheblicher Wirtschafts- und Arbeitsmarktfaktor im strukturschwachen Mecklenburg-Vorpommern gewesen.

Das Vorhaben im Rostocker Hafen, in

Das Kraftwerk zum Bauende

unmittelbarer Nähe zum großen Waldgebiet der *Rostocker Heide*, ein großes Steinkohlekraftwerk zu errichten, war lange Zeit in den Heideorten und den Kreisen der Umweltschützer mehr als umstritten. Es gab massive Widerstände. Man wollte den Bau sogar per Gerichtsbeschluß verhindern. In Verkennung der tatsächlichen Situationen wechselten sich Demonstrationen und andere Protestveranstaltungen ab. Es wurden Waldschäden, Imageverluste im Fremdenverkehr und eine Beeinträchtigung der Rostocker Stadtsilhouette befürchtet.

Als Beispiel für diese ablehnende, auf Vorurteilen und Fehl- bzw. Teilinformationen beruhende, stimmungmachende Ablehnung steht nachfolgender Auszug aus einem Zeitungsartikel vom Februar 1994: *Das Rostocker Steinkohlekraftwerk (SKW) nahm kürzlich den Probebetrieb auf. Im April dieses Jahres soll es dann erstmals Strom produzieren. Völlig unklar ist aber bisher, wieviel Fernwärme ausgekoppelt wird, da es dafür kaum Abnehmer gibt. Von der ausgekoppelten Fernwärme hängt aber der Wirkungsgrad in entscheidendem Maße ab, der liegt zwischen 42 und 62 Prozent. Die gewaltigen Emissionen von jährlich rund 350 Tonnen Schwefeldioxid, 640 Tonnen Stickoxide und 846.720 Tonnen Kohlendioxid wird der technische Saurier aber auf jeden Fall in die Luft blasen. Im Herbst 1990 stellte die Kraftwerks- und Netzgesellschaft (KNG), ein Unternehmen der Preußen Elektra, in Rostock den Antrag zum Bau dieses 500-MW-Steinkohlekraftwerkes. Da die darüber Entscheidenden bis dahin nur wenig Erfahrung mit der Demokratie hatten, genehmigten sie das Geschäft schon, als noch nicht einmal alle nötigen Unterlagen zusammen waren. Über Standort und Kraftwerksvariante wurde auch nicht lange diskutiert, Kraftwerke „von der Stange" lassen sich schneller bauen. So schoß das Kraftwerk samt seinem 140 Meter hohen Kühlturm schnell in die Höhe, Klagen von Bürgern und Gemeinden wurden abgelehnt. In Kürze soll es ans Netz gehen, obwohl auch keine Energiebedarfsanalyse erstellt wurde und nicht einmal eine Umweltverträglichkeitsprüfung (UVP) stattfand. Leider erachtete die damalige Umweltministerin Mecklenburg-Vorpommerns ... eine solche Prüfung als nicht notwendig. Der Ausstoß des Treibhausgases Kohlendioxid entspricht einer größeren Umweltbelastung, als der von sämtlichen in Mecklenburg-Vorpommern verkehrenden Autos.*[62]

Nun – mittlerweile sind solche Stimmen weitgehend verstummt.

Endlich – am 1. Oktober 1994 – ging das Kraftwerk Rostock in den Dauerbetrieb – geregelter Netzbetrieb – nachdem es unter Anwesenheit von mehr als 1.000 Gästen – darunter der deutsche Bundeskanzler, Herr Dr. Helmut Kohl, und der Ministerpräsident von Mecklenburg-Vorpommern, Herr Dr. Berndt Seite, sowie Vertretern von Energieversorgungsunternehmen aus Skandinavien, dem Baltikum, Polen und Rußland – am 20. September feierlich eingeweiht worden war. Anfang 1995 begann die Wärmelieferung (150 MWth) in das Fernwärmenetz der Stadtwerke Rostock.

IV. Das Kraftwerk in Betrieb

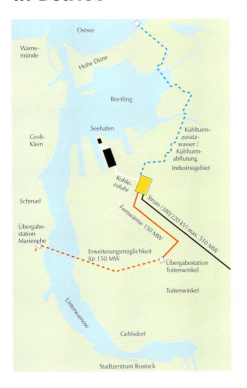

Nach Abschaltung des Greifswalder Kernkraftwerkes 1989/90, das statistisch gesehen, den Energiebedarf der drei Bezirke Neubrandenburg, Rostock und Schwerin decken konnte, wurden nur noch ca. 10 % der in Mecklenburg-Vorpommern verbrauchten Elektrizität im Lande selbst produziert. Dieser Asymmetrie wirkt das Kraftwerk Rostock entgegen. Durch die Inbetriebnahme einiger GuD-Heizkraftwerke verschiedener Stadtwerke, vieler Windkraftanlagen und anderer kleiner Kraftstationen hat sich die Situation zwar weiter entkrampft, aber die Stellung des Rostocker Werkes bleibt letztendlich davon unberührt: Es ist der einzige Einspeiser in das 380-kV-Verbundnetz der VEAG im Norden.

Allgemeines

Das Kraftwerk Rostock ist eines der modernsten und effektivsten Steinkohlekraftwerke in Europa. *Um die Aufgaben eines modernen Steinkohlekraftwerkes erfolgreich zu erfüllen, sind an die Planung, an die Fertigung und Montage, an die Inbetriebsetzung und die betriebliche Optimierung hohe Anforderungen gestellt worden:*
* *Betrieb als Mittel- und Spitzenlastkraftwerk mit Netzregelaufgaben und Frequenzstützung nach Vorgaben des Lastverteilers <Sitz: Berlin>,*
* *häufiges An- und Abfahren in kürzester Zeit und das mit minimalen An- und Abfahrverlusten,*
* *Bedienung der gesamten Anlage von einer Warte mit bildschirmgestützter Prozeßführung durch nur einen Operator.*
* *Vollautomatisierung des gesamten Prozeßablaufes,*
* *hohe Verfügbarkeit mit einer überwiegend einsträngigen Anlage,*
* *Einsatz von Importkohlen mit unterschiedlichen Eigenschaften.*[63]

In seiner nunmehr über fünfjährigen Betriebszeit haben sich diese Planungsvorgaben auch in der Praxis eingestellt und damit ist bestätigt, daß die Entscheidung für das gewählte Konzept richtig war.
Der vorgesehene Mittellastbetrieb, d.h. häufiges An- und Abfahren des Kraftwerkes – bis jetzt 1.079 mal – war

mit dem hohen Automatisierungsgrad und der sehr guten Optimierung problemlos und „streßarm" für die Anlagenteile möglich.

Um das Investitionsvolumen niedrig zu halten wurde das Kraftwerk einsträngig ausgelegt, d.h. man hat auf redundante Anlagenteile weitgehend verzichtet. Damit hieraus keine Produktionsausfälle entstehen, setzt dies eine hohe Fertigungsqualität der installierten Aggregate voraus.

Das Integrieren der Rauchgasableitung in den mit Ostseewasser betriebenen Naturzugkühlturm ermöglicht die Einsparung eines Schornsteines.

Energie vom Kohlelagerplatz bis in die Hochspannungsleitung

Die aus vielen Ländern importierte Kohle wird im Überseehafen angelandet und über eine 1,2 km lange geschlossene Förderbandstraße in die vier Kohlebunker des Kesselhauses transportiert. Von hier aus gelangt sie dosiert in die vier Walzen-Schüssel-Mühlen. Hier zermahlt man die Kohle zu Staub und führt sie über Kohlestaubleitungen den Brennern des Dampferzeugers zu. In diesen 16 kombinierten Kohlestaub-/Öl-Brennern wird dann aus der Primärenergie Wärme erzeugt, deren Menge ausreicht, bis zu 1.650 t Dampf/Stunde zu produzieren. Durch die Konstruktion der NOx-armen Wirbelstufenbrenner reduzieren sich die Stickoxide schon bei der Verbrennung um ein Drittel. Bei dem Dampferzeuger handelt es sich um einen Zwangsdurchlaufkessel, der als 90 m hoher Einzugkessel ausgeführt ist.

Der erzeugte Frischdampf gelangt zur Hochdruckturbine und von deren Austritt zurück zur Zwischenüberhitzung in den Kessel. Der zwischenüberhitzte Dampf strömt durch die Mitteldruckturbine und danach in die zwei Niederdruckturbinen. In dem mit Ostseewasser gekühlten Kondensator wird der Dampf dann niedergeschlagen und geht anschließend als Kondensat zurück in den Wasser-Dampf-Kreislauf. In den Turbinen erfolgt die Umwandlung der im Dampf enthaltenen thermischen Energie in mechanische. Der damit angetriebene Generator wandelt diese in Elektrizität um. Im Blocktransformator wird die Generatorspannung von 21 kV auf 380 kV hochtransformiert.

Der erzeugte Strom geht flächendeckend in das Energieverbundnetz und

somit auch über die Grenzen von Mecklenburg-Vorpommern hinaus.
Der gesamte Kraftwerksbetrieb wird von einer Warte durch einen einzigen Mitarbeiter bedient.

Die Rauchgasreinigung und weitere Umweltschutzmaßnahmen

Die anfallenden Rauchgase werden:

- unter Zugabe eines Ammoniak-Luftgemisches in einem Katalysator bis unter dem vom Gesetzgeber vorgeschriebenen Grenzwert von 200 mg Stickoxide pro m^3 Rauchgas reduziert.
- in einem Elektrofilter entstaubt, indem die mitgeführten Staubpartikel elektrostatisch aufgeladen und abgeschieden werden. Der Abscheidegrad von über 99 % garantiert eine Unterschreitung des Grenzwertes von 20 mg Staub pro m^3 Rauchgas.
- in einer Rauchgasentschwefelungsanlage im Naßwaschverfahren unter Zugabe von Kreide entschwefelt. Die Kreide wird mit Wasser versetzt und in dem Waschturm in das Rauchgas gesprüht, so daß im Rauchgas vorhandenes Schwefeldioxid (SO_2) mit dem Kalkanteil der Kreide chemisch zu Gips reagieren kann. Mit diesem Entschwefelungsverfahren wird der vorgeschriebene Grenzwert von 200 mg Schwefeldioxid pro m^3 Rauchgas deutlich unterschritten.

Weit vor der Inbetriebnahme des Werkes wurde im Jahr 1992 in Stuthof ein *Immissionsmeßcontainer* aufgestellt, um eine Basisaufnahme der umweltrelevanten Daten zu sichern. Mit dem Vergleich der Meßdaten nach der Inbetriebsetzung der Anlagen und dieser Grundaufnahme konnte bewiesen werden, daß keine Auswirkungen durch den Kraftwerksbetrieb auf diesen Standort vorhanden sind. Dieses Ergebnis belegt die optimale Wirkungsweise der betriebenen Umweltschutzeinrichtungen.

Um den Bürgern einen Einblick in die Luftqualität von Rostock und seiner Umgebung zu ermöglichen, wurde im

Blockschaltbild des Kraftwerkes

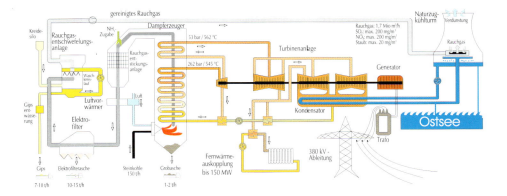

Meßstation Stuthof

Zentrum der Stadt, nahe dem Kröpeliner Tor, eine Anzeigetafel installiert, auf der die Umweltdaten von verschiedenen Meßstandorten ablesbar sind. Nach mehr als einjährigem Betrieb, im Jahre 1995, konnte das Umweltamt Rostock der KNG bestätigen, *daß keine direkten Rückschlüsse auf die Kraftwerksemissionen an den vorhandenen Meßstandorten nachzuweisen sind.*[64]

Umweltschutz ist auch die Minderung von Schallemissionen. Zu diesem Zwecke sind alle Schallemittenten in Gebäuden mit entsprechendem Schallschutz untergebracht.

Die Ableitung von behandelten Abwässern aus dem Kraftwerk erfolgt im strengen Rahmen der behördlichen Auflagen der wasserrechtlichen Erlaubnis.

Der Naturschutz ist ebenfalls Schutz unserer Umwelt. Deshalb fordert der Gesetzgeber bei der Errichtung von Industrieanlagen als Ersatz für in diesem Fall verlorengegangene landwirtschaftliche Nutzflächen einen Ausgleich. Die KNG hat deshalb als Naturschutzausgleichsmaßnahmen zum Beispiel folgende Projekte realisiert:
– Begrünung des Kraftwerkstandortes und seiner Umgebung
– Renaturierung der Salzwiesen am Radelsee in Markgrafenheide
– Infrastrukturmaßnahmen im Zuge des Wanderweges von Stuthof nach Markgrafenheide
– Errichtung eines Krötenleitsystems, d.h. eines Tunnels unter der Straße von Warnemünde nach Diedrichshagen
– Erwerb des Koppelholzes in Nienhagen und Übergabe an den Naturschutzbund als Maßnahme zur Erhaltung von besonders schützenswerten Gebieten.

Technische Daten
Elektrische Nennleistung
............................brutto 553 MW
.... netto 509 MW

Netto-Wirkungsgrad
.... garantiert 42,5%
.... realisiert 43,2%

Dampferzeuger
Feuerungswärmeleistung
.... max. 1.370 MW
Frischdampfmenge .... max. 1.650 t/h
Frischdampfdruck ....262 bar
Frischdampftemperatur ....545 °C

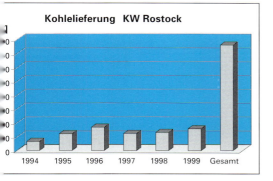

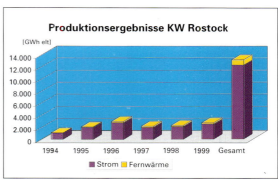

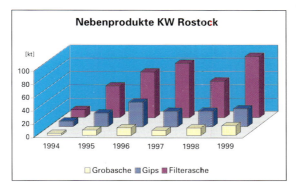

Dampftemperatur am
Zwischenüberhitzer-Austritt .... 562 °C
Feuerung ausgelegt für:
Steinkohle/leichtes Heizöl... 100%/50%

Turbosatz
Einwellige viergehäusige
Kondensationsturbine
Hochdruck-, Mitteldruck-,
2 Niederdruckturbinen, Turbogenerator

Rauchgas-Reinigungsanlagen
Elektrofilter zur Entstaubung
auf weniger als .... 20 mg/m³
Katalysator-Anlage
zur Stickoxidminderung
auf weniger als .... 200 mg/m³

Entschwefelungsanlage
als Naßwäsche mit Gips als Endprodukt,
SO₂-Restemission
auf weniger als .... 200 mg/m³

Die gereinigten Rauchgase werden über
den Kühlturm ableitet.

Kühlverfahren
Rückkühlbetrieb mit Naturzugkühlturm
Kühlturmhöhe .... 141,5 m
Kühlturmdurchmesser
an der Basis ....100 m
an der Mündung .... 60 m

Kühlwasser wird der Ostsee entnommen

Anteilseigner der KNG

Die Struktur der KNG- und Kraftwerks-Anteilseigner unterlag auch nach der Aufbau- und Konsolidierungsphase einer Veränderung. Es kam zu Kapitalübernahmen im Zuge von Umstrukturierungen der Gesellschafter. Mit Wirkung 1. September 1998 z.B. übernahm die neugegründete PreussenElektra Kraftwerke AG & Co. KG die Gesellschaftsanteile ihrer Mutter, der PreussenElektra AG. Die Bayernwerk AG überschrieb ihre Anteile der Bayernwerk Konventionelle Wärmekraftwerke GmbH und die e.dis Energie Nord AG trat 1999 in die Rechte und Pflichten ihre Vorgängerin, der Hanseatischen Energieversorgung AG, ein.

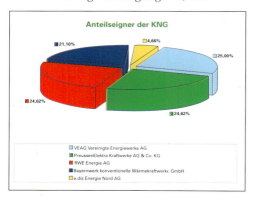

Mitarbeiter und Auszubildende

Das Kraftwerk ist nicht nur ein Wirtschafts- sondern unter den besonderen Bedingungen des ostdeutschen Arbeitsmarktes ein wichtiger Beschäftigungsfaktor in Rostock und Umgebung. Nachdem 1992 mit der Einstellung von Personal begonnen werden konnte, endete *der Aufbau der Belegschaft ... mit Erreichen des Sollstellenplans im 3. Quartal 1994.*[65] Über diese direkten Wirkungen hat das Kraftwerk in arbeitsmarktpolitischer Hinsicht natürlich auch stete Sekundäreffekte, z.B. im Rostocker Hafen und in der regionalen Infrastruktur.

Außerdem gehört das Kraftwerk zu denjenigen Unternehmen in Mecklenburg-Vorpommern, die nicht nur Lehrlinge ausbilden, sondern dies zur Zeit auch ohne eigenen Bedarf tun. Die Ausbildungsberufe sind Industriekauffrau, Industriemechaniker und Energieelektroniker.

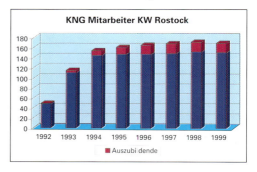

❖❖❖❖❖❖❖❖❖❖❖

Nach gut fünf Jahren Betrieb kann eingeschätzt werden, daß die Entscheidung, in Rostock ein Kraftwerk zu bauen, richtig war. Das neue Steinkohlekraftwerk entwickelte sich zu einem wichtigen Wirtschaftsfaktor der Region Rostock. Es wurden direkt und mittelbar Arbeitsplätze geschaffen. Für den Seehafen ist es ein langfristiger sicherer Partner. Gleiches gilt für die Stadtwerke. Nicht nur, daß das Werk im größeren Umfange zur Fernwärmeversorgung Rostocks beiträgt, im Havariefall ist man in der Lage, binnen ein bis zwei Stunden gut die Hälfte der Wärmeversorgung zu übernehmen. Dann ist das Kraftwerk, wie im Winter 1999 eine Zeitung schrieb, der letzte Notnagel.[66]

AUSBLICK

Die Rostocker und die Anwohner der Umgebung haben sich nicht nur an die neue Landmarke mit der Kühlturmfahne gewöhnt, sie ist nun akzeptiert.

Mit dem am 29. April 1998 in Kraft getretenen neuen Energiewirtschaftsgesetz wurde die Grundlage für die vollständige Liberalisierung – sprich: Öffnung des Strommarktes – gegeben. Damit kann der uneingeschränkte Wettbewerb auch in diesem Wirtschaftszweig Einzug halten. Alle Energieversorgungsunternehmen - ob nun Stadtwerke, Regional- oder überregionale Versorger - sind gehalten, auf diese, für die Elektrizitätswirtschaft tiefgreifende Zäsur zu reagieren.

Die Strommarktliberalisierung berührt zunächst vor allem die Verteilungsebene, aber wer glaubt, daß dies keine Rückwirkung auf die Produktion hat, irrt. Kostengünstiger Wasserkraftstrom aus Skandinavien konkurriert nun gemeinsam mit dem Strom aus deutschen Kraftwerken auf dem freien Markt. Das Ende dieser Entwicklung bleibt abzuwarten. Sicher ist, daß von nun an mit intensivem Kostenmanagement auf den Wettbewerbsdruck zu reagieren ist.

Entscheidet der Preis allein oder werden vom Verbraucher auch andere Kriterien, wie Innovations- und Reaktionsfähigkeit, Ökologie und Kundenorientiertheit bewertet?

Die KNG und das Kraftwerk Rostock müssen und werden auf diese Entwicklungen im Rahmen ihrer Stellung in der deutschen Energiewirtschaft reagieren.

Durch Lieferverträge mit der VEAG erfolgt die Einbindung in den europäischen Stromhandel und auf dem Gebiet der Fernwärmeversorgung gibt es eine Zusammenarbeit mit den Stadtwerken Rostock.

Damit die Kraftwerks- und Netzgesellschaft ihren Platz im heutigen Wettbewerb hält und festigt, ist es notwendig, sich mit dem Kraftwerksbetrieb an die Erfordernisse des liberalisierten Strommarktes anzupassen.

ANHANG / ANLAGE I

Kleine Chronologie – Rostock als Kraftwerksstandort

1880er Jahre
erste elektrische Lichtanlagen privater Unternehmer in Rostock

1892
2. Mecklenburgische Landes-Gewerbe- und Industrie-Ausstellung in Rostock. Die gesamte Beleuchtung ist elektrisch.

1895
Am 16. August wird im Ostseebad Warnemünde das erste öffentliche Elektrizitätswerk Rostocks in Betrieb genommen. Das Werk wird privat betrieben und ist eine Gleichstromzentrale.

1900
Am 1. Dezember eröffnet die Stadt Rostock ihre Gleichstrom-Centrale für das eigentliche Stadtgebiet in der Bleicherstraße.

1904
Elektrifizierung der Rostocker (Pferde-)-Straßenbahn

1910
Eröffnung der stadteigenen elektrischen Strandbahn Warnemünde-Hohe Düne - Markgrafenheide. Der Strom kommt vom E-Werk Warnemünde.

1911
* Am 1. Juli geht das neue Dampfturbinenkraftwerk – Ueberlandzentrale Rostock – in Bramow ans Netz. Beginn der systematischen Elektrifizierung des ländlichen Raumes im Ostteil des Großherzogtums Mecklenburg-Schwerin.
* Das E-Werk Warnemünde wird durch die Stadt gekauft und stillgelegt. Der Badeort bezieht seinen Strom von Bramow.

1913
Die A.E.G. pachtet die Elektrizitätsversorgung (einschl. Kraftwerk Bramow und Überlandnetz) Rostocks für 40 Jahre (Stadtvertrag)

1915
Die A.E.G. erhält die Konzession (Staatsvertrag) zur Elektrizitätsversorgung des Ostens Mecklenburg-Schwerins von der Regierung in Schwerin mit der Auflage, jeden Anschlußwilligen anzuschließen.

1921
Die Elektricitäts-Lieferungs-Gesellschaft, Berlin, tritt in alle Verträge ihres Mutterunternehmens, der A.E.G., in Mecklenburg ein.

1923
Die Produktion im E-Werk Bleicherstraße wird endgültig eingestellt. Die Anlagen werden demontiert. Die Centrale dient nun als Verwaltungssitz und Umspannstation.

1931
Die Landesregierung überträgt dem Märkischen Elektrizitätswerk (MEW) die Versorgung Mecklenburg-Schwerins. Damit verbunden ist die Kündigung der Konzession mit der ELG zum 1. April 1933.

1933
Am 1. April übergibt die ELG seine Überlandversorgung in Mecklenburg-Schwerin dem MEW. Das Kraftwerk Bramow darf nur noch nach Maßgabe des MEW eingesetzt werden.

1933 - 1939
Die forcierte Rüstung der Nationalsozialisten führt zu einem immer stärker werdenden Einsatz des Kraftwerkes Bramow.

1939 - 1945
Das Kraftwerk Bramow muß unter den Bedingungen des Krieges arbeiten. Es ist im Dauerbetrieb.

1945
* Nach Besetzung der Stadt durch die Rote Armee am 1. Mai ruht die Produktion in Bramow.
* Im Juni beginnen die Demontagen im Kraftwerk Bramow.
* Anfang November ist Bramow mit einer Leistung von 8 MW wieder am Netz.

1945 - 1947
Nach zähem Ringen mit der ELG und der Schweriner Landesregierung übernimmt Rostock wieder das Kraftwerk Bramow.

1948
Das Kraftwerk Bramow wird auf zentrale Weisung dem Energiebezirk Nord VVB <Z> „übertragen".

1960 - 1964
Das Kraftwerk Bramow wird zum HKW umgerüstet.

1966/67
Baubeginn des HKW Marienehe (Inbetriebnahme zwischen 1971 und 1974).

1982
Das HKW Marienehe wird von Heizöl auf einheimisches Erdgas aus der Altmark umgestellt.

1990
* Am 23. März wird die KNG als deutsch-deutsches Unternehmen mit Sitz in Berlin gegründet.
* Am 2. April beginnen die konkreten Planungsarbeiten für das Kraftwerk Rostock.
* Mit Wirkung vom 1. Juli (Tag der Währungsunion zwischen der Bundesrepublik und der DDR) werden die DDR-Energieversorgungsunternehmen in Kapitalgesellschaften umgewandelt.

1991
3. Juni – Baubeginn des Kraftwerkes Rostock

1994
* Am 27. April wird das erste Mal im neuen Steinkohlenkraftwerk Strom erzeugt.
* Am 11. Mai erfolgt in Marienehe die Grundsteinlegung für das GuD-Kraftwerk der Rostocker Stadtwerke
* Am 1. Oktober wird im Steinkohlekraftwerk der Dauerbetrieb aufgenommen.

1996
* Das alte HKW Marienehe wird zurückgebaut. Dabei muß man aus Sicherheitsgründen den Schornstein Segment für Segment abtragen.
* 1. November - Inbetriebnahme des GuD-Heizkraftwerkes der Stadtwerke Rostock

1998
Am 1. Juli endet der Abriß des Kraftwerkes Bramow durch die Sprengung seines Schornsteines.

ANHANG / ANLAGE II

Vereinbarung über die Errichtung einer elektrischen Centrale in Warnemünde zwischen der Stadt Rostock und dem Maurermeister Heinrich Oloffs vom 22. Mai 1895 – Auszüge –

Zwischen

dem Gewett, Namens der Stadt Rostock, jedoch unter Vorbehaltung der Genehmigung E.E. Raths und der Ehrl. Repräsentierenden Bürgerschaft der Stadt Rostock einerseits, und dem Maurermeister H. Oloffs in Warnemünde, als Unternehmer, andererseits ist die nachstehende Vereinbarung abgeschlossen.

§ 1.

Die Stadt Rostock verkauft dem Unternehmer Oloffs, zwecks Erbauung einer elektrischen Centrale das ... an der Westseite der verlängerten Bismarckstrasse zu Warnemünde gelegene Grundstück, das eine Strassenfront von 85 Metern und einen Flächeninhalt von 9000 Quadratmetern hat, zum Preis von 2000 M (...) und tondirt ihm dasselbe, sobald dieser Vertrag von E.E. Rath und Ehrl. Repräsentierenden Bürgerschaft der Stadt Rostock genehmigt und Oloffs das Kaufgeld bar entrichtet und die Kaution (...) bestellt hat.

§ 2.

Der Unternehmer verpflichtet sich auf dem ihm verkauften Grundstücke eine den Anforderungen der heutigen Technik entsprechende elektrische Centrale, die zur Abgabe von elektrischem Strome für Beleuchtung, Kraftübertragung und andere gewerbliche Zwecke ... geeignet ist, binnen 3 Monaten nach Genehmigung dieses Vertrages durch Rath und Bürgerschaft betriebsfähig herzustellen und während eines Zeitraumes von 30 Jahren nach der Fertigstellung betriebsfähig zu erhalten.

...

§ 3.

Die elektrische Centrale muss so angelegt werden, dass sie im Stande ist, die für die Beleuchtung der Strassen und Plätze von Warnemünde in Aussicht genommenen 36 Bogenlampen à 6 Ampère und 87 Glühlampen à 25 Normalkerzen zu speisen und daneben noch alle bestehenden Hotels und Restaurants, sowie die Concertplätze incl. der Veranden beim Schweizerhaus, beim Hotel Berringer und bei Hossmann's Hotel mit elektrischem Lichte versehen kann.

§ 4.

Der Unternehmer verpflichtet sich, während 30 Jahre nach Fertigstellung der Centrale, von derselben aus ... die elektrische Beleuchtung der nachfolgenden Strassen und Plätze von Warnemünde zu liefern:

Bahnhofsstrasse, Rostockerstrasse, Am Strom, Alexandrinenplatz, Alexandrinenstrasse, Kirchenstrasse, Kirchenplatz, Schulstrasse, Georginenstrasse, Georginenplatz, Am Leuchtturm, Seestrasse, Bismarckpromenade (vom Fuss der Westmole bis zum Damenbad.), Louisenstrasse, Hermannstrasse, Friedrich Franzstrasse, Anastasiastrasse, Feststrasse, Bismarckstrasse, Mühlenstrasse, Wachtlerstrasse, Moltkestrasse.

Daneben ist der Unternehmer während der gleichen Zeitdauer verpflichtet, auf Verlangen an Private in Warnemünde elektrischen Strom für Beleuchtung, Kraftübertragung und andere gewerbliche Zwecke ... abzugeben.

Sollte die Stadt Rostock im Laufe der Zeit für die vorberegten Strassen und Plätze die elektrische Beleuchtung erweitern oder sie auf neue Strassen und Plätze von Warnemünde oder von der Stadt oder unter deren Beihülfe für öffentliche Zwecke oder Zwecke des Badelebens zu Warnemünde errichtete oder noch zu errichtende Baulichkeiten und Etablissements ausdehenen wollen, so hat der Unternehmer solchem Verlangen ... nachzukommen, soweit es sich dabei nicht um grössere Entfernungen von der Centrale als 800 m., gemessen in der Luftlinie, handelt, doch ist der Unternehmer nicht verpflichtet, elektrischen Strom nach der Südseite des Bassins und nach dem östlich vom Strome gelegenen Warnemünder Gebiet abzugeben.

§ 5.

Die Benutzung der Strassen und Plätze von Warnemünde zur Leitung von elektrischem Strome für alle in § 4 beregten Zwecke gestattet die Stadt Rostock den Unternehmer Oloffs für die Dauer dieses Vertrages unentgeltlich.

...

§ 6.

Während der Dauer dieses Vertrages darf die Stadt Rostock weder anderen Personen die gewerbsmässige Stromlieferung, sei es durch oberirdische oder durch unterirdische Leitung, auf den im § 4 genannten und denjenigen Strassen und Plätzen von Warnemünde, welche der Unternehmer (...) auf Verlangen der Stadt später mit elektrischem Licht zu versehen hat, gestatten, noch selbst als Unternehmerin in die Hand nehmen.

...

§ 8.

Der Unternehmer hat die ganze Anlage ... während der Dauer dieses Vertrages in gutem Betriebe und in ordnungsmässigem und zweckentsprechendem Zustande zu erhalten und abgängige Theile der Anlage durch andere, dem jeweiligen Stande der Technik entsprechende zu ersetzen. Er darf den Betrieb nur dann und solange einstellen, als der Betrieb von Staats- und Reichsbehörden oder wegen eines dringenden öffentlichen Interesses von dem Gewett, als Ortspolizei-Behörde, untersagt und die gegen solche Untersagung zulässigen Rechtsmittel entweder im Einverständnis mit der Stadt nicht eingelegt werden oder aber erfolglos bleiben, sowie wenn und solange durch force majeur, wohin aber ein Streik der in der Anlage beschäftigten Arbeiter nicht zu rechnen ist, die Fortsetzung des Betriebes unmöglich gemacht ist.

...

§ 10.

Nach Ablauf von 15 Jahren seit der Eröffnung des Betriebes und nach 1 Jahr zuvor von der Stadt ausgesprochener Kündigung dieses Vertrages kann die Stadt die gesammte ... elektrische Anlage, incl. der lediglich der Erzeugung von Elektricität dienenden Dampfmaschinen, der Dynamos und der Accumulatoren ... zu Eigentum erwerben ...

§ 11.

Nach Fertigstellung und Inbetriebsetzung der Gesammtanlage darf der Unternehmer mit Genehmigung der Stadt alle seine Rechte aus diesem Vertrage auf dritte, seien es einzelne Personen oder Gesellschaft, insbesondere auch Actiengesellschaften, übertragen.

...

§ 14.

Nach Beendigung dieses Vertrages durch Ablauf der Zeit, für die er geschlossen ist, hat der Unternehmer auf erstes Anerfordern der Stadt alle auf öffentlichen Strassen und Plätzen von Warnemünde befindlichen Theile seiner Anlage zu entfernen und auf seine Kosten den früheren Zustand auf den Strassen und Plätzen in ordnungsmässiger Weise wiederherzustellen.

...

Quelle:
Archiv der Hansestadt Rostock. Sign. 1.1.12.2. - 1158: Übernahme des Ohloffschen Elektrizitätswerkes durch die Stadt (1906 - 1925)

ANHANG / ANLAGE III

Zeitungsberichte über das Warnemünder Elektrizitätswerk (1895)

Warnemünde, 16. Aug. (1895) [Elektrische Beleuchtung.] Nachdem am 15. d. Mts. die festgesetzte Zeit zur Eröffnung der elektrischen Centrale abgelaufen war, fand bereits gestern von 4 Uhr Nachmittags bis gegen 8 Uhr Abends eine Probebeleuchtung statt, um die Capacität der Accumulatoren auszuprobiren. Von heute Abend an erfolgt die Straßen-Beleuchtung Warnemünde's durch elektrisches Licht. Auf der Bismarckpromenade und in der Bismarckstraße, am Strom und auf dem Kirchenplatze, sowie auf dem Bahnhofe werfen Bogenlampen, welche an hohen eisernen Kandelabern angebracht sind, weithin ihr Licht, während die anderen Straßen durch Glühlampen beleuchtet sind. Beim Schweizerhause in den Anlagen brannten schon seit einigen Abenden die dort angebrachten Bogen- und Glühlampen und es zeigte sich auch hier die effectvolle Wirkung des elektrischen Lichtes. Der Scholz'sche Concertgarten, Hübner's Hotel und Hotel Strahlendorff, sowie mehrere Privathäuser sind bereits an die Centrale angeschlossen und werden von heute Abend an elektrisches Licht erhalten. [1]

1) Rostocker Zeitung, Nr. 381 vom 17. August 1895.

Warnemünde, 17. Aug. (1895) [Elektrische Beleuchtung.] Im Anschluß an unseren gestrigen Bericht tragen wir noch einige Einzelheiten über die elektrische Beleuchtung unseres Badeortes nach, welche um so mehr Interesse beanspruchen dürften, da die hiesige Centrale das erste concessionirte öffentliche Elektricitätswerk in Mecklenburg ist. Der Unternehmer desselben ist Herr Maurermeister Ohloffs in Warnemünde, für den das Werk von der Elektricitäts-Actien-Gesellschaft Schuckert & Co. in Nürnberg unter specieller Leitung der Zweigniederlassung dieser Firma in Berlin und des Vertreters derselben für Mecklenburg, Herrn F. Steinbeck-Rostock, in Angriff genommen und in der kurzen Zeit von drei Monaten ausgeführt ist. Die Anlage ist vorläufig bei einer Stromabgabe von circa 800 Glühlampen eingerichtet, während man als Betriebskraft eine Wolff'sche Locomobile, die bis zu 100 Pferdestärken leisten kann, gewählt hat. Die Gebäude, in welchen der Betrieb sich befindet, sind jedoch in einem solchen Umfange ausgeführt, daß eine Vergrößerung der Anlage erfolgen kann und, wie in Aussicht genommen, später zwei Dampfkessel und zwei stationäre Dampfmaschinen von je 100 Pferdestärken in dem Raum Platz finden können, ohne daß dieser zu dem Zwecke umgebaut werden braucht. Der elektrische Strom wird durch eine Schuckert'sche Dynamo mit einer Leistung von 30000 Watt erzeugt. Außerdem ist in dem Gebäude eine Accumulatoren-Batterie aufgestellt, welche ca. 300 Glühlampen auf 5 Stunden Brenndauer speisen kann. In der praktisch eingerichteten Station befindet sich ferner ein geschmackvoll aus Marmor hergestelltes Schaltbrett, auf welchem sämmtliche Apparate, Meß- und Controlinstrumente, sowie die Ausschalter für die einzelnen Leitungen übersichtlich angeordnet sind. Ein weitverzweigtes Netz aus Kupferdraht führt den elektrischen Strom zu den verschiedenen Consumstellen. Für die Straßenbeleuchtung ist eine besondere Leitung gewählt, welche zu 5 Punkten führt, von denen aus der Strom wieder auf die einzelnen Lampen übertragen wird. Um die große Menge des zur Verarbeitung gelangten Drahtmaterials zu veranschaulichen, weisen wir darauf hin, daß 30 - 40 Kilometer Draht zu den Leitungen verwandt worden sind. Die Straßenbeleuchtung wird durch 36 Bogenlampen und 84 Glühlampen bewirkt; dieselben brennen bis 11 Uhr Abends, von dann bis 12 1/2 Nachts treten etwa 40 Nachtglühlampen, die an den Straßenecken und in den hauptsächlich vom Publicum frequentirten Straßen angebracht sind, in Thätigkeit. Die Bogenlampen sind an geschmackvoll gearbeiteten, 7 Meter hohen eisernen Candelabern befestigt, die aus der Fabrik des Herrn F. Steinbeck-Rostock hervorgegangen sind. Schließlich sei noch bemerkt, daß Herr Ohloffs für die gesammte Straßenbeleuchtung von der Badeverwaltung bezw. von dem Orte Warnemünde jährlich eine Pauschalsumme von 3500 Mk erhält.[2]

---

1) Rostocker Zeitung, Nr. 383 vom 18. August 1895.

Anhang / Anlage IV

Biographische Skizze. Heinrich Oloffs (1853-1933) – Gründer der Warnemünder Centrale[1]

War er „nur" ein cleverer Geschäftsmann oder ein wahrer Pionier der Technik in unseren Gefilden, der die Zeichen seiner Zeit erkannte, das mag die historiographische Biographie entscheiden. Auf jeden Fall erscheinen Gründung und Betrieb des ersten öffentlichen Elektrizitätswerkes Mecklenburgs im Ostseebad Warnemünde als eine in die Zukunft und über den lokalen Rahmen weisende Tat des hier ansässigen Unternehmers **Heinrich Oloffs**. Doch es gehört zur Tragik seines Schicksals, daß die Erinnerung an ihn mit Ausnahme einiger weniger Insider dem öffentlichen Bewußtsein verlorengegangen ist. Deshalb an dieser Stelle eine kurze Würdigung in Gestalt einer biographischen Skizze.

Heinrich Christian Oloffs, wie er mit vollem Namen hieß, wurde am 9. Januar 1853 in Doberan (heute: Bad Doberan) bei Rostock geboren und verstarb am 25. Juni 1933 in Warnemünde.

Offensichtlich erlernte der heranwachsende, aus bescheidenen Verhältnissen kommende Heinrich das bald stark gefragte Handwerk eines Maurers, denn später firmierte er als Maurermeister.

Oloffs soll als mitteloser Handwerksbursche nach Warnemünde gekommen sein. Später machte sich der zielstrebige junge Mann als Bauunternehmer selbständig und nutzte die Konjunktur der Gründerjahre mit ihrem Bauboom, der auch in Mecklenburg zu verzeichnen war, für seinen weiteren Aufstieg. Noch heute sind von ihm errichtete Villen und Wohnhäuser im Ort zu finden. Als besonders attraktiv galt sein eigenes, 1892 gebautes und noch existierendes Haus – die spätere Villa Hübner – in der Seestraße 13, direkt an der Strandpromenade gelegen. Neben solchen privaten erledigte Oloffs auch öffentliche Aufträge. U.a. war er am Bau des Warnemünder Leuchtturms 1897/98 beteiligt. Einige Jahre später errichtete Oloffs nach Plänen des Rostocker Stadtbaudirektors Dehn das Depotgebäude der genannten Strandbahn.

1884 – als Einunddreißigjähriger – erweiterte er durch die Gründung eines Holzbearbeitungswerkes mit einer dampfgetriebenen Sägerei sein Geschäftsfeld. Hier sammelte er die notwendigen Erfahrungen im Umgang mit diesen Maschinen. Eine Zweigstelle befand sich seit ca. 1913 als Mecklenburgische Goldleistenfabrik H. Oloffs im südmeck-

---

1) Nachfolgende Bemerkungen beruhen im wesentlichen auf den Ergebnissen eines Projektes der ERNST-ALBAN-GESELLSCHAFT FÜR MECKLENBURGISCH-POMMERSCHE WISSENSCHAFTS- UND TECHNIKGESCHICHTE in den Jahren 1998/99 zu Rostocker Charakterköpfen aus Technik und Wirtschaft im industriellen Zeitalter (Ltg. Babara Bohn).

lenburgischen Parchim. Darüber hinaus soll er mehrere Niederlassungen dieser Unternehmung in verschiedenen Regionen Deutschlands besessen haben. Die Produkte wurden nicht nur im gesamten Deutschen Reich abgesetzt, darüber hinaus exportierte man sie nach Holland, Griechenland, nach Mittel- und Südamerika und bis nach China. Anfänglich beschäftigte Oloffs in seiner Parchimer Fabrik acht, dann 30 (1922) und schließlich kurz vor seinem Tode 40 (1927) Angestellte und Arbeiter.

Rückblickend aber war Oloffs nachhaltigste und damit wichtigste Leistung sein Elekrizitätswerk in Warnemünde.

Mit seinen Warnemünder Electricitätswerken hielt auch das neue Gewerbe der Elektroinstallation und der Handel mit den entsprechenden Utensilien und Gerätschaften, wie aus dieser und weiteren Annoncen hervorgeht, im Ort Einzug.

Sicherlich befördert durch sein hohes Lebensalter und die allgemein schlechte Auftrags- und Absatzlage in der Weltwirtschaftskrise verkaufte Oloffs 1930 Teile seines Unternehmens. Wenig später (1933) verstarb er im Alter von fast 81 Jahren.

Sein eher schlichter Grabstein soll bis vor wenigen Jahren auf dem alten Warnemünder Friedhof zu finden gewesen sein.

ANHANG / ANLAGE V

Zeitgenössische Beschreibung des Städtischen Elektrizitätswerkes in der Bleicherstraße

Am 28. Juni 1900 fand zu Rostock die Richtfeier der Städtischen Elektricitätswerke statt, welche die Bestimmung haben, ganz Rostock mit elektrischem Lichte und elektrischer Kraft zu versehen. Da es das erste größere Elektricitätswerk Mecklenburgs ist, bringen wir ... eine Abbildung des Gebäudes, welches, wie schon jetzt zu erkennen ist, eine Zierde Rostocks sein wird; ...

... dasselbe soll zur Aufnahme der Maschinen, der Geschäftsräume und der Wohnung des leitenden Betriebsbeamten dienen; es besteht aus dem Haupthause an der Ecke der Neuen Wall- und der Bleicherstraße und dem anschließenden Maschinenhause, welches sich längs der Neuen Wallstr. nach dem Mühlenthor zu erstreckt. Das Aeußere des Gebäudes ist in einfachem Rohbau mit geputzten Flächen und sparsamer Verwendung von Formsteinen, Glasuren und Kunstsandstein gehalten. Es wurde deshalb auch mehr Werth auf eine wirkungsvolle Gruppirung der einzelnen Bautheile und Belebung der Fassaden durch Giebel, Erker und Balcons, sowie durch Höherführung des Treppenhauses mit kleinem Thurmdach gelegt. Das Hauptdach wird mit röthlichen mattglasirten Dachsteinen, die kleineren Dachflächen mit Schiefer bezw. Kupfer eingedeckt. Das Maschinenhaus hat eine lichte Länge von 29 Mtr., eine Tiefe von 13 Mtr. und im Erdgeschoß eine lichte Höhe von rund 10 Mtr. bis zum First; es ist in gleicher Weise wie das Haupthaus unterkellert. Entsprechend der Neigung des nach dem Mühlenthor stark abfallenden

Das Städtische Elektricitätswerk zu Rostock.

Terrains liegt der Fußboden um einige Stufen tiefer als der des des Haupthauses; nach der Wallstraße zu springt ein Theil des Baues um etwa 4 Mtr. vor, welcher die Schalttafel aus Marmor aufnehmen wird und durch eine Treppe mit dem Maschinenkeller und dem Accumulatorenraum in Verbindung steht. Ueber die ganze Tiefe des Maschinenraums hinweg liegt ein Laufkrahn zum Heben und Versetzen der schweren Maschinentheile an jede beliebige Stelle des Raums. Zur Aufstellung der Maschinen ... sind 2 Fundamente aus Stampfbeton hergestellt, die tief bis auf den festen Boden hinuntergeführt sind und in ihrer gewaltigen Mauermasse ein wirksames Gegengewicht gegen Erschütterungen des Bodens bilden; das Fundament für die Aufstellung einer weiteren Maschine ... ist ebenfalls ausgeführt ... Der von den Maschinenfundamenten freigelassene übrige Kellerraum dient zur Aufnahme der Verbindungskabel zwischen den Dynamo-Maschinen und Schalttafel, sowie für die Leuchtgas-, Luft-Auspuff- und Wasserleitungen der Gasmaschinen. Außerhalb an der hinteren Langseite des Maschinenhauses, also abseits von der Neuen Wallstraße befindet sich ein gemauerter Canal für die Aufstellung der Auspufftöpfe der Ausblaseleitung. Das Aeußere des Gebäudes schließt sich dem des Haupthauses in einfacheren Formen an; das ganze Grundstück wird später von den Straßen durch ein Gitter abgeschlossen.

Quelle:
Bagel-Grip-Kalender auf das Jahr 1901, Rostock o.J. <1900>, S. 26 - 28

ANHANG / ANLAGE VI

Biographische Skizze – Georg Klingenberg (1870-1925)[1]

Georg Klingenberg war nicht nur der Erbauer der städtischen Centrale in Rostock sondern vor allem der Initiator des Märkischen Elektricitätswerkes (s. Anlage 8) und einer der wichtigsten deutschen Kraftwerksbauer in den ersten beiden Jahrzehnten des 20ten Jahrhunderts, und als solcher einer der wichtigsten Protagonisten des Großkraftwerkbaues und der Großversorgung in Deutschland.

Heute sucht man allerdings in Lexika und anderen Nachschlagewerken seinen Namen meist vergebens. Bekannt dagegen ist in Berlin und Umgebung das Kraftwerk Klingenberg. Nur mit seinem Namensgeber wird es kaum in Zusammenhang gebracht. Und doch war Georg Klingenberg einer der ganz Großen seiner Branche.

Von 1893 bis 1925 zeichnete er für den Bau von mehr als 70 Elektrizitäts- und Kraftwerken verantwortlich. Darunter waren das Elektrizitätswerk der Stadt Rostock (1900), das Kraftwerk Potsdam (1902), das Kraftwerk Heegermühle bei Eberswalde (1909), vier Kraftwerke in Südafrika (1909 - 1914), das Großkraftwerk Golpa (1915) und schließlich das Großkraftwerk Rummelsburg (1925/26), dessen Vollendung er durch seinen plötzlichen Tod nicht mehr erleben durfte.

Georg Klingenberg entstammte einer alten Architektenfamilie und wurde am 28. November 1870 in Hamburg geboren. Er verstarb früh und für alle überraschend bereits am 7. Dezember 1925 in Berlin.

Nach Abitur 1889 in Osnabrück und Wehrdienst als Einjahresfreiwilliger

---

[1] Zur Biographie Klingenbergs siehe: Allgemeine Elektrizitäts-Gesellschaft (Hrsg.), Zum Gedächtnis an Georg Klingenberg, o.O. o.J. <Berlin 1925> und Norbert Gilson, Die Vision der Einheit als Strategie der Krisenbewältigung? Georg Klingenbergs Konzeption für die Energieversorgung in Deutschland zu Beginn des 20. Jahrhunderts, in: Hans-Ludger Dienel (Hrsg.), Der Optimismus der Ingenieure. Triumph der Technik in der Krise der Moderne um 1900, Stuttgart 1998.

(1889/90) studierte er vom Wintersemester 1890/91 bis zum Wintersemester 1893/94 an der Technischen Hochschule (TH) Berlin-Charlottenburg Ingenieurwesen (Maschinenwesen und Elektrotechnik). Klingenberg verzichtete auf sein Examen, denn damals gab es nur die Staatsprüfung mit dem Abschluß eines Regierungsbauführers. Dieser Titel erschien ihm nicht erstrebenswert, zumal er mit einer Reihe von urfruchtbaren zeitlichen Aufwendungen verbunden war. Im Mittelpunkt stand ihm allein die Sache. Allerdings war ihm der Mangel jeden amtlichen Befähigungsnachweises auch nicht recht, so daß er sich auf eine Promotion orientierte. Seine Doktorarbeit im Fach theoretische Physik *Längenänderungen des Eisens unter dem Einfluß des Magnetismus* reichte er an der Philosophischen Fakultät der Universität Rostock ein, da hier besonders günstige Bedingungen für sein Vorhaben existierten. Hier wurde er dann 1895 zum Dr. phil. promoviert.[2] Bereits im achten Semester war Klingenberg an der TH Assistent bei dem bekannten Physiker *Adolf Slaby* (1849 - 1913) geworden.

Nach dem Studium arbeitete er außerdem als beratender Ingenieur für den Entwurf und den Bau von Elektrizitätswerken. Daneben interessierte er sich stark für das damals neue Automobil und den Verbrennungsmotor sowie andere Felder der Ingenieurwissenschaften. Letztendlich gewann aber die junge und äußerst dynamische Disziplin der Elektrotechnik die Oberhand, ohne daß er sich auf sie einschränken ließ. Daneben war er auch rege publizistisch tätig. 1918 erhielt er die Ehrendoktorwürde der TH Berlin.

Klingenberg galt als typischer Ingenieur-Wissenschaftler, stets bemüht das theoretisch Mögliche auch praktisch umzusetzen, ohne dabei die Theorie aufzugeben.

Nachdem er schon 1897 – noch als Hochschulassistent – mit detaillierten Lösungen für Stromversorgungsanlagen hervorgetreten war[3], trat die AEG 1902 mit dem Wunsch an Klingenberg heran, in den Vorstand des Unternehmes einzutreten. Man sagte ihm allerdings nach, daß er nur sehr widerstrebend diese Tätigkeit aufnahm, da er eine zu starke, nicht nur zeitliche, Bindung fürchtete. So hielt er sich lange Jahre den Rückzug in die Wissenschaft offen, indem Klingenberg eine Professur an der TH nicht aufgab. Letztendlich blieb er der AEG aber bis zu seinem Tode treu. Als Vorstand wurde er für den Bau und Betrieb von Elektrizitätswerken verantwortlich. In dieser Funktion nahm er entscheidenden Einfluß auf die technische Entwicklung der Erzeugungs- aber auch der Fortleitungsanlagen und die weitere Gestaltung der Elektrizitätsversorgung in Deutschland. 1909 wurde nach seinem Plan das MEW gegründet. In diesem Zusammenhang konnte Klin-

---

2) Die Technischen Hochschulen besaßen in jenen Jahren noch kein Promotionsrecht, so daß ein solches Vorhaben nur an einer Universität verwirklicht werden konnte.

3) vgl. G. Klingenberg, Beleuchtungsanlage des Schlosses Landonvillers bei Metz, in: ETZ 20 (1899), S. 465-469.

genberg seine Konstruktionsideen beim Bau des Kraftwerkes Heegermühle (1909) erstmals umsetzen. Dieses eher kleinere Kraftwerk galt lange Jahre als Musteranlage.

Der Name Klingenberg wurde schnell über die Grenzen Deutschlands hinaus bekannt. So leitete er zwischen 1909 und 1914 den Bau von Kraftwerken der südafrikanischen Viktoria Falls Power Company.

Innerhalb einer Rekordbauzeit von nur elf Monaten wurde unter seiner Führung 1915 das damals mit 128 MW Leistung größte deutsche Kraftwerk Golpa bei Bitterfeld errichtet.

Während des I. Weltkrieges arbeitete er außerdem führend in der Rohstoff-Versorgung des Deutschen Reiches. Dabei zeichnete er für die Landesversorgung mit Häuten und Leder verantwortlich.

Zwischen 1902 und 1920 erschien sein konzeptionelles Hauptwerk Bau großer Elektrizitätswerke in drei Bänden. Hier legte er seine Ideen, Ansichten und Pläne zu den durchaus umstrittenen Großkraftwerken und die Großraumversorgung umfassend dar. Der Erfolg war so groß, daß bereits 1924 eine zweite, vermehrte und verbesserte Auflage erscheinen konnte.

Schon vor dem I. Weltkrieg – die gesamte Angelegenheit steckte praktisch noch in den Kinderschuhen – forderte Klingenberg vorausschauend vom Staat nicht nur den Bau einer Anzahl von Großkraftwerken sondern ebenso deren Verbindung durch 100.000-Volt-Leitungen. Im Krieg dann entwarf er einen Plan zur staatlichen Großerzeugung: Großkraftwerke sollten mit Hilfe eines Verbundnetzes von 110 kV die Verteilung der Elektrizität nördlich der Mainlinie übernehmen. Ein Elektrizitätsmonopol des Reiches hatte die Erzeugung und Beförderung zu garantieren. Diese Ideen sind als Klingenberg-Plan in die deutsche Wirtschaftsgeschichte eingegangen.

Sein technisches Meisterstück sollte aber das, erst nach seinem Tode in Betrieb genommene, Großkraftwerk Rummelsburg in Berlin mit einer geplanten Leistung von 240 MW werden. Das Werk galt als das modernste seiner Zeit, in dem die neuesten Erkenntnisse der Technikwissenschaft verwertet worden waren und das die beste Wärmeausnutzung in Europa besaß.

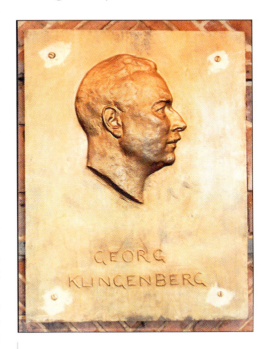

ANHANG / ANLAGE VII

Die Elektricitäts-Lieferungs-Gesellschaft, Berlin, im Grundriß[1]

ELEKTRICITÄTS - LIEFERUNGS - GESELLSCHAFT BERLIN
ABT. **ELEKTRICITÄTSWERK UND ÜBERLANDZENTRALE ROSTOCK**

25 Jahre Elektricitäts-Lieferungs-Gesellschaft

Am 8. April beging die Elektrizitäts-Lieferungs-Gesellschaft die Gedenkfeier ihres 25jährigen Bestehens. Die E.L.G. begann ihre Tätigkeit mit der Uebernahme einiger von der Allgemeinen Elektricitäts-Gesellschaft erbauten Werke, u.a. in Zehlendorf, Deidesheim, Plauen i.V., Magdeburg, Oranienburg, Eisenach, und erwarb dann in rascher Folge in einer größeren Anzahl Gemeinden der verschiedensten Gegenden Deutschlands Konzessionen für die Errichtung und den Betrieb von Elektrizitätswerken. Die weitgehenden Forderungen der Gemeinden einerseits, die zwar das Wagnis ganz dem Unternehmer überlassen wollten, den Erfolg aber im wesentlichen für sich beanspruchten, andererseits die Widerstände, die sich bei der Gewinnung eines ausreichenden Absatzes und bei der einwandfreien Gestaltung der technischen Einrichtungen ergaben, stellten an den Unternehmer der damaligen Zeit hohe Anforderungen. Nach glücklicher Ueberwindung der Anlaufzeit wandte sich die E.L.G. neben der Elektrizitätsversorgung zahlreicher mittlerer Städte, wie Soest i.W., Lahr i.B., Cöthen i.A., Oldenburg, Wolfenbüttel, Fürstenwalde, Göttingen, Osnabrück, Rathenow, Insterburg, Hildesheim, Schweidnitz, Schleswig und vieler anderen mehr, von denen die meisten der letztgenannten in der Form der Pachtung betrieben wurden, der Ausgestaltung des Ueberlandzentralenwesens zu. Schon in den ersten Jahren des neuen Jahrhunderts hatte sie die Werke in Oberlungwitz i.Sa., Bitterfeld und Zelz (Lausitzer Elektrizitätswerk) zur Fernversorgung eingerichtet. In Sachsen wurden neben dem Elektrizitätswerk an der Lungwitz die Elektri-

---

1) 25 Jahre Elektricitäts-Lieferungs-Gesellschaft. Aus: Mitteilungen der Vereinigung der Elektrizitätswerke Nr. 310 – April 1922, S. 196 – Die weitere Geschichte der ELG in Mecklenburg ist schnell erzählt: 1931 kündigte die Schweriner Landesregierung im Zuge der Fusion der landeseigenen LEW mit dem MEW auf dessen Verlangen den Konzessionsvertrag für den Landesosten zum 1. April 1933. Mit diesem Datum endeten die Aktivitäten des Unternehmens in der mecklenburg-schwerinschen Überlandversorgung. Der Pachtvertrag mit der Stadt Rostock über die Stadtversorgung blieb allerdings davon unberührt. Gewissermaßen als Antwort auf den Verlust des östlichen Landesteils von Mecklenburg-Schwerin übernahm die ELG 1931/'32 sowohl die Aktienmajorität als auch die Betriebsführung der ÜZ Neubrandenburg AG (Mecklenburg-Strelitz). In Mecklenburg galt das Unternehmer als Judenbetrieb.
Nach Ende des II. Weltkriegs wurde die ELG sowohl in Rostock als auch in Neubrandenburg zunächst unter Zwangsverwaltung gestellt und dann enteignet.

zitätswerke an der Pleiße und Obererzgebirge, die jetzt in der Sächsischen Elektrizitäts-Lieferungs-Gesellschaft zusammengefaßt sind, und die Oberlausitzer Elektrizitätswerke mit dem Kraftwerke Hirschfelde errichtet, das später den Grundstock für die staatliche Elektrizitätsversorgung Sachsens bilden sollte. Ferner wurde die Elbtalzentrale als gemischtwirtschaftliches Unternehmen gegründet, das sich heute ebenfalls im staatlichen Besitz befindet. Im Westen Deutschlands wurde im Anschluß an die staatlichen Kohlengruben gemeinsam mit der Stadt Saarbrücken die Elektrizitäts- und Gas-Vertriebsgesellschaft Saarbrücken ins Leben gerufen. In Thüringen wurde unter weitgehender Zusammenfassung bestehender kleinerer Werke die Thüringer Elektrizitäts-Lieferungs-Gesellschaft gegründet, wobei zum ersten Male an Stelle von Gemeinden und Kreisen der Staat selbst als Vertragsgegner auftritt. In Bayern erstand mit Unterstützung der Staatsregierung die Bayerische Elektrizitäts-Lieferungs-Gesellschaft, die von ihrem Großkraftwerk aus den östlichen und nördlichen Teil des Kreises Oberfranken mit elektrischer Arbeit versorgt. In Mitteldeutschland wurde das Elektrizitätswerk Wesertal zur Belieferung von Stadt und Kreis Hameln, der Kreise Holzminden, Grafschaft Schaumburg und des Fürstentums Lippe erbaut. Auch an der Entwicklung des Märkischen Elektrizitätswerkes war die E.L.G. führend beteiligt. Zur zweckmäßig und zeitgemäß auszugestaltenden Elektrizitätsversorgung führte die E.L.G. eine neue Unternehmensform ein, die zugleich die Pachtung der bestehenden Anlagen und die Uebernahme der notwendigen Umänderungen und Erweiterungen auf Kosten besonderer Betriebsgesellschaften umfaßte. Auf diese Weise gliederte sie sich die Unternehmungen: Elektrizitätswerk und Straßenbahn Königsberg A.-G., Elektrizitätswerk Unterelbe-Altona. Elektrizitätswerk Brandenburg (Havel) A.-G., Elektrizitätswerk und Ueberlandzentrale Rostock, Elektrizitätswerk Linden an.

Im ganzen hat die E.L.G. während ihres 25jährigen Bestehens in 39 eigenen Werken, 22 Pachtungen, 14 besonderen Gesellschaften, 7 gemischtwirtschaftlichen Unternehmungen ihre Tätigkeit auf die Elektrizitätsversorgung von etwa 1600 Ortschaften mit rund 4 Millionen Einwohnern erstreckt, die sie zumeist von Anfang an in die Wege geleitet und weiter entwickelt hat. Dabei handelt es sich neben einigen Großstädten überwiegend um kleinere und kleinste Gemeinden, die sich ohne die Tätigkeit der E.L.G. die Vorteile der Elektrizitätsversorgung meist sehr viel später, oder überhaupt noch nicht hätten zugänglich machen können. So hat die E.L.G. an der Ausgestaltung der Elektrizitätsversorgung Deutschlands hervorragenden Anteil genommen.

ANHANG / ANLAGE VIII

Das Märkische Elektricitätswerk, Berlin, im Grundriß

Das Märkische Elektricitätswerk wurde am 1. Mai 1909 unter Führung der AEG und der Elektrobank Zürich in Berlin gegründet. Dieser Gründung lag der Plan Georg Klingenbergs zugrunde, durch ein in der Nähe von Eberswalde als Musteranlage gedachtes Großkraftwerk die verhältnismäßig günstig mit Industrie besiedelten brandenburgischen Landkreise Ober- und Niederbarnim, Templin, Angermünde und den Stadtkreis Eberswalde mit Strom zu beliefern. In erster Linie erhoffte man, die vorhandene umfangreiche Industrie im Finowtal, die zahlreichen Ziegeleibetriebe bei Zehdenick und neue Industrien an dem damals im Bau befindlichen Groß-Schiffahrtsweg Berlin - Stettin als Großabnehmer zu gewinnen.[1] Geplant war ferner eine Ausdehnung nach Pommern, die Einbeziehung weiterer Gebiete der Provinz Brandenburg und des Berliner Umlandes. In Pommern hatte die Provinzverwaltung allerdings zwischen 1910 und 1912 unter Einfluß der Siemens-Schuckert-Werke die Pommerschen Überlandzentralen gegründet und ausgebaut. Bereits durch das MEW erschlossene Gebiete mußten an diese Überlandzentralen abgetreten werden. Trotzdem schritt seine räumliche Ausdehnung langsam, aber stetig voran. Infolge der Übernahme der Aktienmehrheit (7/12) durch die Provinz Brandenburg im Jahr 1916 erfuhr die weitere Entwicklung des MEW eine entscheidende Wendung. 1920 erwarb die Provinz die Restaktien und übertrug 50 % dieses Aktienkapitals an die versorgten Stadt- und Landkreise. Damit aber war das Unternehmen vollständig in öffentlicher Hand, eine bis zu seinem Ende das MEW prägende Situation.

In den 20er Jahren erfolgte eine mittlerweile rasante Ausdehnung durch Übernahme vorhandener Energieversorgungsunternehmen bzw. durch Abschluß von Stromlieferungsverträgen und durch die Elektrifizierung noch unversorgter brandenburgischer Kreise. Gleichzeitig begann die Ausdehnung auf weitere preußische Provinzen. Der räumliche Schwerpunkt lag aber immer noch in Brandenburg.

Von 1921 bis 1923 errichtete das MEW in Finkenheerd bei Frankfurt/Oder ein Großkraftwerk auf Braunkohlenbasis. Dieses Kraftwerk sollte bis über den II. Weltkrieg hinaus das wichtigste im Versorgungsraum des MEW bleiben.

Nach 1923/24 wurde die Versorgung des Kreises Westprignitz und der Stadt Wittenberge (beide Provinz Brandenburg) und des bis dato unversorgten Südteils von Mecklenburg-Strelitz aufgenommen. Gleichzeitig begannen sich die Grenzen des MEW in den 20er Jahren zunehmend an den Verwaltungs- bzw. politischen Grenzen zu orientie-

---

1) Das Märkische Elektricitätswerk. Ein Überblick über die ersten 25 Jahre seiner Entwicklung, o.O. o.J., <Berlin 1934>, S. 17.

ren. So erfolgte 1929 eine umfangreiche Korrektur des MEW-Versorgungsraumes mit der Stadt Berlin.

Im Laufe der Jahre wurden verschiedene, noch selbständige Überlandversorger in Brandenburg übernommen. So z.B. 1930 die Westprignitzer Elektrizitäts-Genossenschaft, Karstädt.

Bedeutender war aber der Anfang 1931 mit Mecklenburg-Schwerin zustande gekommene Vertrag, durch den der Freistaat seine Elektrizitätsversorgung mit der des MEW zusammenschloß. Die dem Staat gehörigen Landes-Elektrizitätswerke, die den westlichen Teil des Staates versorgten, gingen gegen entsprechende Aktienbeteiligung in den Besitz des MEW über. Die Anlagen der den östlichen Teil des Freistaates versorgenden Elektricitäts-Lieferungs-Gesellschaft wurden im Jahre 1933 erworben.² Schon im nächsten Jahre gliederte man die Überlandzentrale Pommern A.-G., Stettin, an, die sich 1935 durch Beschluß der Generalversammlung auflöste und mit dem MEW verschmolz. Mit dieser Fusion trat das Unternehmen auch die Versorgung der zum bisherigen pommerschen Versorgungsraum gehörenden mecklenburgischen Überlandzentralen in Friedland und Neubrandenburg an. Das MEW nannte sich nun offiziell Landesversorger von Brandenburg, Pommern, Mecklenburg und Grenzmark Posen-Westpreußen. Am Vorabend des II. Weltkrieges war dann das Gebiet des MEW ... das größte einheitlich und geschlossen versorgte Gebiet Deutschlands.³ Insgesamt gehörte es seit den späten 20er Jahren leistungsmäßig zu den zehn größten deutschen Energieversorgungsunternehmen.

Im Laufe seines Aufstiegs entwickelte das MEW dann eine den Ideen der nationalsozialisitischen Wirtschaftskonzeption(en) sehr nahe Unternehmensphilosophie, die sich in folgende, wesentliche Punkte zusammenfassen läßt:

Märkisches Elektrizitätswerk Aktiengesellschaft
(Landesversorgung von Brandenburg, Pommern und Mecklenburg)

1. ein Raum – ein Versorger – einheitlicher Aufbau
2. Vereinigung von Erzeugung, Groß- und Kleinverteilung in einer Hand
3. ein einheitliches, tiefgestaffeltes und verbrauchsförderndes Tarifsystem, das auch für die Weiterverkäufer (Stadtwerke) galt.

1937 besaß das MEW 34 Kraft- (13 Wärme- und 21 Wasserkraftwerke) und 78 Umspannwerke. Außerdem bezog es Elektrizität von der Elektrowerke A.G., Berlin (Reichselektrowerke) und der Großkraftwerk Stettin A.G..

---

1) Das Märkische Elektricitätswerk, Ein Überblick über die ersten 25 Jahre seiner Entwicklung, o.O.o.J., <Berlin 1934>, S. 17
2) ebd., S. 24.
3) Die Elektrizitätswirtschaft im Deutschen Reich 1937, hrsg. von der Wirtschaftsgruppe Elektrizitätsversorgung der Reichsgruppe Energiewirtschaft der deutschen Wirtschaft (W.E.V.), Berlin 1938, S. 197.

Das MEW-Leitungsnetz umfaßte in diesem Jahr
- 3.247 km Hochspannungsleitungen
- 28.380 km Mittelspannungsleitungen und
- 8.094 km Niederspannungsleitungen in mehr als 3000 eigenen Ortsnetzen. Damit verfügte aber das Unternehmen in seinem Versorgungsgebiet auch über die Kleinversorgung in etwa einem Drittel der Städte und Gemeinden.

Von Mitte der 30er Jahre bis zum Ende des II. Weltkrieges gliederte sich das MEW in die Berliner Hauptverwaltung, sechs Betriebsdirektionen (Eberswalde, Frankfurt/O., Landsberg a.W., Berlin-Spandau, Berlin-Steglitz und Schwerin) und die Hauptbetriebsdirektion Pommern in Stettin (mit drei weiteren Betriebsdirektionen: Belgrad, Stettin, Stralsund). Die östlich der Oder gelegenen Direktionen bzw. Versorgungsgebiete gingen im Ergebnis des Krieges verloren, dagegen wurde 1946 die Betriebsdirektion Neubrandenburg aus der treuhänderisch verwalteten ÜZ Neubrandenburg zusammen mit Randregionen neu aufgebaut. Einige Betriebsdirektionen mußten außerdem ihren Sitz aus (West-)Berlin in das Umland verlegen. Zuvor hatte man 1936 die Grevesmühlener Elektrizitätsgenossenschaft im mecklenburgischen Nordwesten von den Nordwestdeutschen Kraftwerken als Großabnehmer übernommen. Die ÜZ Friedland dagegen wurde von seiner Eigentümerin, der Thüringischen Gas-Gesellschaft, 1940 käuflich erworben und in die Unternehmensstruktur vollständig eingegliedert. Damit wurde Gesamtmecklenburg direkt oder vermittelt vom MEW mit Elektrizität versorgt.

Nach Ende des II. Weltkrieges mußte das MEW sich reorganisieren und vor allem seine durch Krieg und Demontagen stark beeinträchtigte Kraftwerksbasis wieder aufbauen.

Auch in diesen Jahren blieb das Unternehmen eine Aktiengesellschaft in ausschließlich öffentlichen Händen. Hauptaktionäre waren auch weiterhin die Provinz/das Land Brandenburg und das Land Mecklenburg(-Vorpommern). Mit Wirkung vom 1. Juli 1947 mußte sich das MEW in „Brandenburgisch-Mecklenburgische Elektrizitätswerke AG" (BMEW) umbenennen. Offizieller Firmensitz war jetzt Potsdam, obwohl die Hauptverwaltung in Berlin verblieb.

Mit Wirkung vom 1. Juli 1948 endete die Geschichte des MEW, denn das BMEW wurde in den neuen volkseigenen Energiebezirk Nord eingegliedert und im Nachherein noch enteignet.

Seine Strukturen, seine Philosophie und seine technischen Leistungen prägten aber die weitere Entwicklung der Elektrizitätsversorgung in der SBZ/DDR bis in die jüngste Zeit nachhaltig.

ANHANG / ANLAGE IX

Firmensteckbrief: Die PreussenElektra AG, Hannover

PreussenElektra

Mit dem Gesetz über die Zusammenfassung der elektrowirtschaftlichen Unternehmen und Beteiligungen des Staates in einer Aktiengesellschaft vom 24. Oktober 1927 gründete Preußen seine Preußische Elektrizitäts-Aktiengesellschaft (Preussenelektra) mit Sitz in Berlin. Dieser neuen Gesellschaft wurden sämtliche Beteiligungen des Staates an elektrowirtschaftlichen Unternehmen übertragen.

Wenn auch 1927 das offizielle Gründungsjahr der heutigen PreussenElektra ist, beginnt ihre (Vor)Geschichte bereits um 1900. Eine ihrer wichtigsten Vorläuferinnen besitzt das Unternehmen in der Siemens Elektrische Betriebe A.G., Berlin (SEB). Diese war eine Gründung der Siemens & Halske A.G., und am 16. Januar 1900 - rückwirkend zum 1. Oktober 1899 - durch die Umwandlung der Siemens Elektrische Betriebe G.m.b.H. (*1896) in eine Aktiengesellschaft entstanden. Die SEB waren führend bei der Elektrifizierung bzw. Versorgung Nordwestdeutschlands mit Elektrizität tätig.

Später als andere deutsche Länder, wie Bayern oder Sachsen, wurde der preußische Staat – nicht seine Provinzen! – elektrizitätswirtschaftlich aktiv. Vor dem I. Weltkrieg wurden eigene Erzeugungsunternehmen und Beteiligungen als mögliches Mittel staatlicher Intervention in die Elektrizitätswirtschaft nur sehr zurückhaltend eingesetzt. So war man seit 1905 z.B. über eine erworbene Bergbaugesellschaft vermittelt am Elektrizitätswerk Westfalen beteiligt. Ansonsten erzeugte Preußen nur für eigene Zwecke (bahneigne Kraftwerke) Strom bzw. nutzte bei Kanalbauten und Talsperren anfallende Wasserkräfte. Im Krieg schließlich begannen sich die elektrizitätswirtschaftlichen Aktivitäten des Staates zu dynamisieren. Im Zuge dieser Anspannungen, die sich zunächst auf das Main-Weser-Gebiet konzentrierten, erwarb das Land die Aktienmajorität (82 %) an den SEB, die infolgedessen seit dem 18. September 1925 als Nordwestdeutsche Kraftwerke A.G. (NWK) firmierten. 1927 brachte Preußen dann seine NWK-Aktien in die neugegründete Preussenelektra ein.

1929 schließlich gründete der preußische Staat die Vereinigte Elektrizitäts- und Bergwerks-Aktiengesellschaft (VEBA), in die auch die Preussenelektra-Aktien eingebracht wurden.

Mitte der 30er Jahre kam es dann zu einer Abgrenzung der Versorgungsgebiete der Preussenelektra/NWK und des MEW. In einer vertraglichen Regelung aus dem Jahre 1935 wird im wesentlichen die mecklenburgische Westgrenze als diese Linie bestimmt.

Im Zuge der Entwicklungen nach Ende des II. Weltkrieges verlor die Preussenelektra ihre Beteiligungen an Unternehmen in der Sowjetischen Besatzungszone und in den ehemaligen deutschen Ostgebieten. 1947 schließlich verlegte die Unternehmensführung ihren Sitz von Berlin nach Hannover. Die 50er, 60er und 70er Jahre waren durch eine räumliche und wirtschaftliche Ausdehnung des Unternehmens gekennzeichnet, dazu gehörten u.a.

Kraftwerksneubauten, Gründungen von Tochterfirmen, weitere Beteiligungen und das Engagement in der Kernkraftnutzung.

1985 fusionierten nach langjähriger Zusammenarbeit Preussenelektra und NWK zu einem Unternehmen: der **PreussenElektra AG**. Das neue Unternehmen wurde in die VEBA eingegliedert. Seit 1987 datierten erste konkrete wirtschaftliche Kontakte zu entsprechenden DDR-Verwaltungseinrichtungen über den Aufbau eines deutsch-deutschen Stromverbundes, die im März des folgenden Jahres zu einer Grundsatzvereinbarung über den Austausch elektrischer Energie zwischen der Bundesrepublik und der DDR führen. Vertragspartner waren einerseits die PreussenElektra und die BEWAG sowie die DDR-Außenhandelsgesellschaft INTRAC.

Im Zuge der Wende 1989/90 in der damaligen DDR begann die PreussenElektra gemeinsam mit anderen westdeutschen Energieversorgungsunternehmen ihre wirtschaftlichen Aktivitäten in der DDR bzw. in den neuen Bundesländern. So wurde gemeinsam mit der Bayernwerk AG und der RWE Energie AG eine Geschäftsbesorgungsgesellschaft zur Beratung des ostdeutschen Verbundunternehmens Vereinigte Energiewerke AG gegründet. Auf Grundlage der sog. Stromverträge vom 22. August 1990 übernahm die PreussenElektra auch die Geschäftsbesorgung für fünf in der Umwandlung zu Kapitalgesellschaften befindlichen bezirklichen Energiekombinaten: Frankfurt/Oder, Magdeburg, Neubrandenburg, Potsdam und Rostock. Es entstanden hier folgende fünf regionale Versorgungsunternehmen:

* die Oder-Spree Energieversorgung AG, Frankfurt/O. (dann: Fürstenwalde/Spree) (OSE)
* die Energieversorgung Magdeburg AG, Magdeburg (EVM)
* die Energieversorgung Müritz-Oderhaff AG, Neubrandenburg (EMO)
* die Märkische Energieversorgung AG, Potsdam (MEVAG)
* die Hanseatische Energieversorgung AG, Rostock (HEVAG).

1994 schließlich erwarb die PreussenElektra Anteile an den fünf genannten Regionalversorgern in den neuen Bundesländern, deren Geschäftsbesorgung sie bereits übernommen hatte, sowie an der VEAG. Die OSE, EMO, MEVAG und HEVAG fusionierten im Frühjahr 1999 zur e.dis Energie Nord AG, Fürstenwalde.

Die PreussenElektra selbst änderte 1998 ihre Unternehmensstruktur: Die neue PreussenElektra besteht nun aus einer Holding und mehreren Gesellschaften – *business units*. Im wesentlichen sind dies:
* PreussenElektra AG, Hannover als **Holding**
* PreussenElektra Kraftwerke AG & Co. KG, Hannover
* PreussenElektra Kernkraft GmbH & Co. KG, Hannover
* PreussenElektra Netz GmbH & Co. KG, Hannover
* PreussenElektra Engineering GmbH., Gelsenkirchen
* RuhrEnergie GmbH., Gelsenkirchen.

Außerdem gehören u.a. dazu die PreussenWasser GmbH und die Gelsenwasser AG.

Heute ist die PreussenElektra befördert durch ihr Engagement in neuen Geschäftsfeldern ein modernes, auf die anstehenden Anforderungen vorbereitetes Unternehmen.

ANHANG / ANLAGE X

Firmensteckbrief: Die Bayernwerk AG, München

BAYERNWERK

Nach Plänen der bayrischen Regierung in den Jahren 1918/19 sollte das Bayernwerk als gemischtwirtschaftliches Unternehmen, an dem sich Staat, Städte und Überlandwerke beteiligen können, realisiert werden. Dabei wollte man drei für die Elektrizitätsversorgung Bayerns (einschließlich der Elektrifizierung der Bahnen) - das Walchenseewerk, die Mittlere Isar (vier Wasserkraftwerke) und das Bayernwerk (Großstromverteilungsanlagen) – in Angriff nehmen. Geplant war die Zusammenfassung der Netze bereits bestehender Elektrizitätswerke und Überlandzentralen mit den im Landessüden gelegenen natürlichen Energiequellen durch ein das gesamte Land überspannendes einheitliches Hochspannungsnetz – das Bayernwerk. Zweck war dabei, das rechtsrheinische Bayern und angrenzende Regionen mit Strom zu versorgen.

Die Entwicklungen nach der Revolution führten zu einer reinen Staatslösung. 1921 wurden die drei genannten Unternehmungen allerdings in Aktiengesellschaften umgewandelt. Bayern wurde alleiniger (Bayernwerk AG) oder Hauptaktionär (Walchenseewerk AG und Mittlere Isar AG). Das Bayernwerk übernahm die Betriebsführung der Walchenseewerk AG und der Mittlere Isar AG. Diese schlossen mit dem ersteren einen Interessensgemeinschafts- und Betriebsführungsvertrag.

Am 26. Januar 1924 nahm das Bayernwerk schließlich seinen Betrieb auf. In diesem ersten Geschäftsjahr bildete das Walchenseewerk das energetische Rückgrat. 1924 kamen die erste und 1929 die zweite Ausbaustufe der Großkraftanlagen der Mittleren Isar dazu. Außerdem bezog das Unternehmen noch Elektrizität von verschiedenen anderen Energieversorgern und betrieb in Schwandorf/Oberpfalz ein Braunkohlenkraftwerk.

Das Bayernwerk trat allgemein nur als Großraumversorger auf. Die Weiterverteilung des Stromes besorgten Vertragspartner, wie die Amperwerke AG, München, die Isarwerke GmbH, München oder die Städtischen Elektrizitätswerke München.

Das 110-kV-Netz war seit 1928 zur gegenseitigen Aushilfe bei Störungen mit den Netzen der Preussenelektra und des Rheinisch-Westfälischen Elektrizitätswerkes gekoppelt. Ein Verbund bestand seit 1930 auch über die Württembergische Landes-Elektrizitäts-AG mit dem Badenwerk. 1937 schließlich nahm man eine 50-kV-Leitung zum Thüringenwerk in Betrieb.

Ein Großabnehmer des Bayernwerkes war die Deutsche Reichsbahn mit ca. 1200 km elektrifizierten Bahnstrecken in Bayern und in Württemberg.

Am Vorabend des II. Weltkrieges betrieb bzw. unterhielt das Unternehmen

* 100-kV-Leitungen 1.506 km
* 60-kV-Leitungen 74 km
* 35-kV-Leitungen 7 km
* 20-kV-Leitungen 64 km
* 5-/6-kV-Leitungen 45 km und
* 220/380-V-Leitungen 33 km

In den Jahren nach 1945 entwickelte sich das Bayernwerk als Teil des VIAG-Konzern zum drittgrößten Elektrizitätsversorgungsunternehmer in der Bundesrepublik. Seinen Strom erzeugte und erzeugt das Unternehmen sowohl aus Kohle, Öl, Gas und Wasser als auch aus Kernkraft.

Mit der Wende in der DDR 1989/90 begann auch das Engagement des Unternehmens in Ostdeutschland. Es war bzw. ist maßgeblich beteiligt an:
* Energieversorgung Nordthüringen AG, Erfurt (ENAG/ehem. VEB Energiekombinat Erfurt)
* Südthüringer Energieversorgung AG, Meiningen (OTEV/ehem. VEB Energiekombinat Suhl)
* Ostthüringer Energieversorgung AG, Jena-Winzerla (SEAG/ehem. VEB Energiekombinat Gera)

Diese drei fusionierten am 1. April 1994 zur
* Thüringer Energie Aktiengesellschaft, Erfurt (TEAG).

Außerdem erwarb das Bayernwerk Anteile an der Energieversorgung Südsachsen AG, Chemnitz (ehem. VEB Energiekombinat Karl-Marx-Stadt).

Um sich den Herausforderungen der Zukunft stellen zu können, änderte das Bayernwerk 1998 seine Unternehmensstruktur. Es entstand die Bayernwerk-Gruppe, bestehend aus folgenden selbständigen Gesellschaften:

* Bayernwerk Konventionelle Wärmekraftwerke (BKW)
* Bayernwerk Kernenergie (BKE)
* Bayernwerk Wasserkraft (BWK) und
* Bayernwerk Hochspannungsnetz (BHN)

sowie verschiedenen regionalen Vertriebsgesellschaften und weiteren Unternehmen (besonders in der Gas- und Entsorgungsbranche).

Die Bayernwerk Konventionelle Wärmekraftwerke GmbH betreibt neun eigene Kraftwerke und ist an zwei weiteren beteiligt. Ein zwölftes befindet sich im Bau. Die Gesellschaft erzeugt Strom und Fernwärme aus Stein- und Braunkohle, Öl und Erdgas. *Damit sind in einer Gesellschaft alle Aktivitäten vereint, die innerhalb der Bayernwerk-Gruppe der Stromerzeugung aus fossilen Energiequellen dienen.*

BKW hat sich ein klares Ziel gesetzt: die optimale Nutzung und den effektiven Einsatz aller Bayernwerk-Kapazitäten in der Stromerzeugung aus fossilen Energieträgern. Die Bündelung aller Kraftwerke unter einer zentralen Koordinationsebene schuf dafür die maßgebliche Voraussetzung. Die Unternehmensleitung befindet sich in München. Die Gesamtleistung der elf zur Zeit betriebenen Kraftwerke beträgt rund 5.500 Megawatt. Damit erzeugt das Unternehmen etwa 20 % des in Bayern benötigten Stroms. (Stand: 1998)[1]
1999 hatte die BKW 1.700 Mitarbeiter.

---

1) Bayernwerk Konventionelle Wärmekraftwerke GmbH. (Hrsg.), Konventionelle Wärmekraftwerke. Die elementare Kraft der Wärme, München 1998, S. 4.

ANHANG / ANLAGE XI

Firmensteckbrief: Die RWE Energie AG, Essen

RWE *Energie*
AKTIENGESELLSCHAFT

Ende der 30er Jahre bestimmte das am 25. April 1898 in Essen gegründete Rheinisch-Westfälische Elektrizitätswerk (RWE) als seinen Zweck ausschließlich die Versorgung der Bevölkerung mit Wasser, Elektrizität und Gas. Zur Erreichung des Gesellschaftszwecks kann die Gesellschaft elektrische Energie erzeugen, verwerten oder veräußern, ferner Anlagen und Einrichtungen aller Art, welche der Erzeugung, Verwertung oder Veräußerung von elektrischer Energie, von Gas und von Wasser dienen, erwerben, errichten und betreiben, allein oder gemeinsam mit anderen, für eigene oder für fremde Rechnung.[1] Anfangs wollte das Unternehmen die Stadt Essen mit Energie versorgen. Allerdings wies bereits der Name auf Größeres in den Planungen der Gründer: die Elektrizitätsversorgung des Rheinlandes und Westfalens. Dabei ging das RWE innovative Wege der Technik: statt auf bewährten Gleichstrom setzte man auf den modernen Drehstrom. Damit verbunden war das Konzept, Kraftwerke in unmittelbarer Nähe von Kohlevorkommen zu bauen, um die Transportkosten für das Brennmaterial so niedrig als möglich zu halten. Man setzte dabei vor allem auf einheimische Braunkohle. Außerdem wollte das Unternehmen, um den Konsum zu steigern, neue Absatzmöglichkeiten erschließen. Mittel dazu waren - günstige Preise, um breitesten Bevölkerungsschichten die Möglichkeit der Stromnutzung zu eröffnen, und ein dichtes Versorgungssystem. Gleichzeitig plante man die Kommunen als Partner zu gewinnen, um so betriebswirtschaftliche und kommunale Interessen zu verbinden. Einer der Gründungsväter des RWE war Hugo Stinnes.

Im April 1900 ging in Essen das erste RWE-Kraftwerk in Betrieb. Beginnend mit Essen schlossen immer mehr Kommunen, so Gelsenkirchen oder Mühlheim an der Ruhr, einen Konzessionsvertrag mit dem Unternehmen ab. Seit 1905 datiert sein Engagement im Gasgeschäft durch die Übernahme einer städtischen Gasanstalt. Ein überregionales Gasnetz wurde seit 1910 aufgebaut. Für das RWE begann so eine Periode des Wachstums. Neue Kraftwerke wurden gebaut, andere aufgekauft. Die Unternehmensstruktur paßte sich dem an. Es wurden verschiedene Betriebsverwaltungen, so in Essen, Krefeld und Wesel, aufgebaut. Der I. Weltkrieg, Nachkriegskrise, Arbeitslosigkeit und Inflation bremsten die Expansion des RWE, wenn überhaupt, nur kurzzeitig. In den 20er Jahren gehörte man zu den Vorreitern der Verbundwirtschaft. 1931 war das RWE vor der Elektrowerke AG

---

1) Wirtschaftsgruppe Elektrizitätsversorgung der Reichsgruppe Energiewirtschaft der deutschen Wirtschaft Berlin (Hrsg.), Die Elektrizitätswirtschaft im Deutschen Reich 1937, Berlin 1938, S. 275.

und der BEWAG das größte Elektrizitätsversorgungsunternehmen im Deutschen Reich. Dazu hatte u.a. 1929 die Einführung eines günstigen Haushaltstarifes beigetragen. Strom konnte sich mittlerweile jeder leisten.

Am Vorabend des II. Weltkrieges betrieb das RWE folgende Elektrizitätswerke:
* Stammzentrale auf Schachtanlage Gustav, Essen
* Kraftwerk Niederrhein a.d. Lippe
* Kraftwerk Goldenberg-Werk, Knapsack b. Köln
* Kraftwerk Ibbenbüren
* Pumpspeicherwerk Herdecke Koepchen-Werk und
* 11 weitere eigene Kraftwerke,

sowie 6 Gas- und 1 Wasserwerk(e).

Darüber hinaus war das RWE an diversen anderen Unternehmen beteiligt. Das zusammenhängende Versorgungsgebiet des RWE und seiner Tochterunternehmen umfaßt mit 50000 qkm den größten Teil der Rheinprovinz, große Teile der Provinzen Westfalen, Hessen-Nassau, Hannover, Rheinhessen sowie Teile von Oldenburg und vom Saargebiet. Die Zahl der Einwohner des Versorgungsgebietes beträgt etwa 5,2 Millionen.[2]

Einen Rückschlag brachte der II. Weltkrieg mit seinen Folgen. Die Nachkriegsjahre waren durch die Reorganisation des Unternehmens und den Wiederaufbau der zerstörter Anlagen gekennzeichnet. Seit 1952 begann man neue Kraftwerke zu errichten:

1955   Weisweiler und Frimmersdorf
1963   Niederaußem
1972   Neurath

Das Wachstum der Wirtschaftswunderjahre machte es möglich.

Seit den späten 50er Jahren datiert auch das Engagement des RWE bei der friedlichen Nutzung der Kernenergie. Gemeinsam mit dem Bayernwerk unterhielt das Unternehmen seit 1958 in Kahl am Main das erste bundesdeutsche Kernkraftwerk, eine Versuchsanlage. Es folgten Gundremmingen Block A (1966), Biblis (1974/76) und Gundremmingen Blöcke B + C (1984).

Der Wandel der wirtschaftlichen und politischen Rahmenbedingungen seit Ende der 80er Jahre erfordert auch vom RWE Veränderungen in der Unternehmensstruktur: *1989 wurde die RWE Energie AG als Führungsgesellschaft der Konzernsparte Energie gegründet und unter das Dach der Holding RWE AG gestellt. Neben dem traditionellen Strommetier betätigt sich RWE Energie in der Versorgung mit Gas, Fernwärme und Wasser. ... Im Geschäftsjahr 1996/97 übernahm das Unternehmen schließlich von der RWE AG deren Beteiligungen an anderen Energieversorgungsunternehmen.*[3]

---

2)   ebd.
3)   RWE Energie Aktiengesellschaft, Geschäftsbericht 1997/98. 100 Jahre Energie – 100 Jahre Zukunft, Essen o.J., S. 16/17.

Im Geschäftsjahr 1997/98 hatten die folgenden Primärenergieträger
* Braunkohle   mit 48,9 %
* Steinkohle   mit 18,6 %
* Kernenergie   mit 23,5 %
* Gas   mit 4,6 %
  und
* Wasser etc.   mit 4,4 %

ihren Anteil am Gesamtstromaufkommen der RWE Energie AG.

Mit der Wende in der DDR 1989/90 begann auch die Beteiligung des RWE am Auf- und Ausbau der Energieversorgung in den neuen Bundesländern. „Gemeinsam mit PreussenElektra, Bayernwerk und weiteren EVU baute RWE Energie die VEAG Vereinigte Energiewerke AG sowie die heutigen Regionalversorgungsunternehmen auf."[4] Zu diesen letzteren gehörten:
* die Energieversorgung Spree-Schwarze Elster AG, Cottbus (ESSAG - ehem. VEB Energiekombinat Cottbus)
* die Westsächsische Energie-AG, Markkleeberg (WESAG - ehem. VEB Energiekombinat Leipzig)
* die Energieversorgung Südsachsen AG, Chemnitz (ESAG - ehem. VEB Energiekombinat Karl-Marx-Stadt).

Darüber hinaus war RWE Energie an der Oder-Spree Energieversorgung AG, Frankfurt/Oder - ab 1997: Fürstenwalde (OSE - ehem. VEB Energiekombinat Frankfurt/Oder), beteiligt. Die OSE ist seit Frühjahr 1999 Teil des e.dis Energie Nord AG, Fürstenwalde (s. Anlage 13).

Darüber hinaus engagiert sich das auch heute noch größte deutsche Energieversorgungsunternehmen seit der Öffnung Osteuropas in Ungarn, Tschechien, Polen, Rußland und Kroatien.

---

4) ebd., S. 17.

ANHANG / ANLAGE XII

Firmensteckbrief: Die Vereinigte Energiewerke AG, Berlin[1]

Unsere Aufgabe ist die Stromerzeugung und -verteilung für Ostdeutschland. ... Die VEAG Vereinigte Energiewerke AG ist der überregionale Stromerzeuger und -verteiler in den neuen Bundesländern. Das Unternehmen entstand um die Jahreswende 1990/91 durch Vereinigung aus den im Sommer 1990 in Kapitalgesellschaften umgewandelten VE Kombinaten Braunkohlenkraftwerke, Peitz, und Verbundnetze Energie, Berlin. Firmensitz ist Berlin. Die VEAG ist, obwohl ihre Vorgeschichte bis in die 50er Jahre zurückreicht, somit das jüngste Unternehmen unter den großen Energieversorgern Deutschlands.

Im Mittelpunkt der Stromerzeugung durch die VEAG steht die Verstromung ostdeutscher Braunkohle. Mehr als 90 Prozent des VEAG-Stromes werden auch in Zukunft aus Braunkohle erzeugt – rund 70 Millionen Tonnen des Rohstoffs werden so, Jahr für Jahr, in Elektroenergie umgewandelt.

Mit dem Stand 1. Januar 1999 betrieb die VEAG Kraftwerke mit einer Bruttonennleistung von 9.416 MW. Davon waren installiert in
* Braunkohlekraftwerke
  gesamt 6.690 MW
  - Jänschwalde
    Werk 1 - 3   3.000 MW
  - Boxberg Werk 3   1.000 MW
  - Lippendorf/Thierbach 1.090 MW
  - Schwarze Pumpe
    Block A + B   1.600 MW
* Steinkohlekraftwerk Rostock 553 MW
* 2 Gasturbinenkraftwerke   452 MW
* 10 Wasserkraftwerke   1.721 MW.

Das VEAG-Netz umfaßte zum selben Zeitpunkt gesamt 11.486 km
  davon:
* 380 kV   5.325 km
* 220 kV   5.918 km
* 110 kV   243 km.

Zum Jahresende 1998 waren 6.936 Mitarbeiter bei der VEAG beschäftigt, die 1998 47.188 Mio. kWh Elektrizität und 3.128 kWh Wärme absetzen.

---

1) Nach: VEAG VEREINIGTE ENERGIEWERKE AKTIENGESELLSCHAFT <Selbstdarstellung>, Berlin o.J.

ANHANG / ANLAGE XIII

Firmensteckbrief: Die e.dis Energie Nord AG, Fürstenwalde

Die e.dis Energie Nord AG ist mit mehr als 2.000 Beschäftigten einer der größten regionalen Stromversorger in Deutschland. Der Name unseres Unternehmens ist Programm: e.dis steht für Energie, Dienstleistung, Innovation und Service.[1]

Das Unternehmen entstand nach längerer Diskussion am 1. Juni 1999 durch Fusion der vier ostdeutschen Preussen-Elektra-Töchter
* Hanseatische Energieversorgung AG, Rostock (HEVAG)
* Energieversorgung Müritz-Oderhaff AG, Neubrandenburg (EMO)
* Oder-Spree Energieversorgung AG, Fürstenwalde (OSE)
* Märkische Energieversorgung AG, Potsdam (MEVAG)

als eine mögliche Antwort auf den sich wandelnden und immer komplizierter werdenden Strommarkt. Firmensitz der e.dis ist das brandenburgische Fürstenwalde/Spree. Das Unternehmen versorgt ca. $^2/_3$ Mecklenburg-Vorpommerns und die größten Teile Brandenburgs direkt oder vermittelt mit Elektrizität.

Die genannten PreussenElektra-Tochterunternehmen ihrerseits entstanden durch die Umwandlung folgender VEB Energiekombinate in Kapitalgesellschaften in den Sommermonaten 1990:
* Rostock in die HEVAG
* Neubrandenburg in die EMO
* Frankfurt/Oder in die OSE[2]
* Potsdam in die MEVAG.

Das Versorgungsgebiet der e.dis ist überwiegend agrarisch geprägt und verhältnismäßig dünn besiedelt. Die Industriedichte liegt unter dem bundesdeutschen Durchschnitt. Die wenigen größeren Städte versorgen sich bereits über Stadtwerke mit eigenen Kraftwerken größtenteils selbst mit Strom bzw. werden es in absehbarer Zeit tun.

---

1) Aus einer Anzeige der e.dis Energie Nord AG in der Ostsee-Zeitung (Ausgabe Rostock) vom 4./5. September 1999.
2) Die OSE verlegte Ende 1997 ihren Unternehmenssitz von Frankfurt/Oder aus strukturpolitischen Gründen nach Fürstenwalde/Spree.

ANHANG / ANLAGE XIV

KNG-Presseinformation vom 28. Mai 1991
– Genehmigung für Kraftwerk Rostock erteilt –
Bauarbeiten beginnen am 3. Juni

Die Rostocker Dienststelle des Landesamtes für Umwelt und Natur in Mecklenburg-Vorpommern hat am vergangenen Montag, 27.05.1991, die erste Teilgenehmigung für die geplante Errichtung des Steinkohlekraftwerkes Rostock erteilt. Damit können die Arbeiten zur Verwirklichung des 1,2-Milliarden-Projektes im Hafenvorgebiet der Hansestadt aufgenommen werden. Der Baubeginn ist für den kommenden Montag, 03.06.1991, vorgesehen. Die Anlage ist für eine elektrische Leistung von 500 Megawatt ausgelegt und bietet die Möglichkeit, bis zu 300 Megawatt Fernwärme auszukoppeln.

Das künftige Rostocker Kraftwerk wird einen wichtigen Beitrag zu einer sicheren, wirtschaftlichen und umweltfreundlichen Energieversorgung leisten. Seine Bedeutung liegt insbesondere in der Möglichkeit, veraltete Erzeugungskapazitäten auf Braunkohlebasis zu ersetzen. Mit dem Einsatz von Steinkohle in Rostock ist ein wichtiger Schritt in Richtung auf einen sinnvollen Energiemix in der Stromversorgung der neuen Bundesländer verbunden. Aufgrund der bisherigen Konzentration der großen Kraftwerke im Süden der neuen Bundesländer besteht im nordostdeutschen Raum ein „Nachholbedarf" an verfügbarer Kraftwerksleistung. Bislang werden noch nicht einmal 10 Prozent des in Mecklenburg-Vorpommern verbrauchten Stroms in diesem Bundesland erzeugt. Gleichzeitig hat die Errichtung eines starken „Einspeisers" im nordostdeutschen Bereich günstige Auswirkungen auf die Leistungsfähigkeit des Verbundnetzes. Bisherige Netzverluste werden sich so verringern lassen, die Versorgungssicherheit im nordostdeutschen Bereich erhöht sich.

Mit der Ersatzfunktion für alte Braunkohleanlagen ist auch ein deutlicher positiver Umwelteffekt verbunden. Die modernen Rauchgas-Reinigungsanlagen werden in hohem Maß zur Umweltentlastung der Stadt Rostock und ihrer Umgebung beitragen. Die in der Genehmigung enthaltenen Grenzwerte für die Staub-, Stickoxid- und Schwefeldioxid-Emissionen liegen deutlich unterhalb der ohnehin schon strengen Grenzwerte des Bundesimmissionsschutzgesetzes. Der hohe Wirkungsgrad der Anlage - 42,5 Prozent bei reiner Stromerzeugung, 60 Prozent bei der geplanten Fernwärmeauskopplung - verringert zudem die Kohlendioxidemissionen.

Neben der stromwirtschaftlichen Versorgungsaufgabe wird das Kraftwerk auch für die Versorgung der Stadt Rostock mit Fernwärme eine wichtige Funktion übernehmen. Auch hier werden alte Anlagen mit erheblich höherer Umweltbelastung außer Betrieb gehen

Landesamt für Umwelt und Natur

xxxxxxxxxx

Dienststelle Rostock
Abt. Immissionsschutz

Kraftwerks- und Netzgesellschaft mbH
Allee der Kosmonauten 29
Berlin
O - 1140

Fridtjof-Nansen-Str. 6/HH:
Rostock 21
O - 2520

Ihr Zeichen	Ihre Nachricht vom	Unser Zeichen	Datum
			24.05.1991

Betreff:

1. Auf Ihren Antrag vom 31.08.90 wird Ihnen hiermit die

1. Teilgenehmigung

für die geplante Errichtung des steinkohlebefeuerten Kraftwerks Rostock mit einer Feuerungswärmeleistung von bis zu 1370 Megawatt (thermisch)

- elektrische Nennleistung 500 Megawatt
- Fernwärmeauskopplung 300 Megawatt (thermisch)

auf den Grundstücken der Gemarkung Petersdorf, Flurstücke 77/12, 118 und 119, der Gemarkung Krummendorf, Flur 1, Flurstück 18/36, 29/6 und 19, erteilt.

1.1. Die 1. Teilgenehmigung umfaßt die Herstellung der Gründung der Blockgebäude und des Kühlturmes wie
- Maschinenhaus
- Kesselhaus mit Entstickungsanlage
- Blockwartengebäude
- Elektrofilteranlage
- Rauchgasentschwefelungsanlage mit Saugzug
- Umspannanlage
- Kühlturm und Kühlturmpumpenbauwerke
- Rohr- und Kabelkanäle

entsprechend den eingereichten Bauantragsunterlagen.

- 13 -

6.2.4. Die Baustelle ist so einzurichten, daß das Bauwerk ordnungsgemäß hergestellt werden kann, ein betriebssicherer Ablauf der Arbeiten unter Beachtung der Unfallverhütungsvorschriften gewährleistet ist und Gefahren oder vermeidbare Belästigungen nicht entstehen. (BauO, § 14)

6.2.5. Der verantwortliche Bauleiter ist dem Bauordnungsamt Rostock vor Beginn der Bauarbeiten namentlich mit Anschrift und Berufsangabe schriftlich unter Angabe des Aktenzeichens der Genehmigung bekanntzugeben. Jede Veränderung ist dem Bauordnungsamt sofort schriftlich mitzuteilen. (BauO, § 58)

Dr. Dr. Renate Hückel
Abteilungsleiterin

Anlagen
I - V

---

können. Die Nutzung des Fernwärmepotentials der Anlage von bis zu 300 Megawatt ermöglicht im Verbund mit weiteren, auch dezentralen Anlagen eine Verbesserung der Wirtschaftlichkeit der Fernwärmeversorgung Rostocks. Die Voraussetzungen hierfür sind günstig, denn das bestehende Fernwärmenetz Rostocks erschließt rund zwei Drittel aller Wohnungen der Stadt. Das neue Kraftwerk kann künftig auch die Zuverlässigkeit der Wärmeversorgung in den östlichen Teilen Rostocks erhöhen. Die dortigen Stadtteile werden bislang von der westlichen Seite der Warnow aus mit Wärme versorgt. Künftig werden sie verbrauchernah erzeugte Wärme aus dem neuen Steinkohlekraftwerk beziehen können.

Die wirtschaftliche Bedeutung des Kraftwerkes für die Standortregion geht über die energiewirtschaftlichen Vorzüge der Anlage hinaus. Bei der Vergabe von Aufträgen zur Errichtung des Kraftwerks werden Unternehmen aus den neuen Bundesländern in bedeutendem Umfang berücksichtigt. Für ein Auftragsvolumen von etwa 750 Millionen DM laufen zur Zeit Verhandlungen mit den in Frage kommenden Unternehmen. Es zeichnet sich ab, daß Aufträge im Wert von mehr als 50 Prozent der Investitionsmittel Firmen in den neuen Bundesländern zugute kommen. Gut 120 Millionen DM davon werden in der Region Rostock bleiben. So ist geplant, daß die Stahlbauarbeiten hauptsächlich von Rostocker Werften ausgeführt werden. Bei den später noch zu vergebenden Arbeiten werden insbesondere mittelständische Unternehmen der Region einen noch größeren Anteil übernehmen können.

Mit der für 1994 vorgesehenen Inbetriebnahme werden im Kraftwerk etwa 180 Dauerarbeitsplätze geschaffen. Kohleumschlag und -lagerung werden im Rostocker Seehafen dauerhaft Beschäftigung sichern. Die Aufwendungen hierfür werden etwa zwei bis drei Millionen DM jährlich betragen. Für Instandhaltungs- und Wartungsarbeiten sowie sonstige Dienstleistungen für das Kraftwerk werden jährlich gut 10 Millionen DM in Unternehmen der Region fließen.

Mit der ersten Teilgenehmigung zur Errichtung des Kraftwerks ist eine positive Bewertung der Genehmigungsfähigkeit des Gesamtvorhabens durch die Aufsichtsbehörde verbunden. Bestandteil des immissionsschutzrechtlichen Genehmigungsverfahrens war auch eine Umwelterheblichkeitsuntersuchung, in der ökologisch bedeutende Fragen durch Fachgutachter, Behörden und Institute untersucht wurden. Die bisher auf dem künftigen Kraftwerksgelände durchgeführten Bauvorbereitungen erfolgten auf der Grundlage der hierfür erforderlichen Genehmigung, die das Bauordnungsamt der Hansestadt Rostock Anfang September vergangenen Jahres erteilt hatte.

AUSWAHLBIBLIOGRAPHIE

* Walter **Ahrens**, Licht aus der Leitung. Die Anfänge der Elektrizitätsversorgung in Mecklenburg, in: Mecklenburgmagazin 12/93, Schwerin 1993

* **Bayernwerk** Konventionelle Wärmekraftwerke GmbH. (Hrsg.), Konventionelle Wärmekraftwerke. Die elementare Kraft der Wärme, München 1998

* **Elektricitäts-Lieferungs-Gesellschaft**, 25 Jahre Elektrizitätswerk Rostock. 1913 - 1938, Rostock o.J. <1938>

* Norbert **Enenkel**, Die ehemalige Strandbahn Warnemünde Hohe Düne - Markgrafenheide, Rostock 1990 (= Blätter zur Verkehrsgeschichte Mecklenburgs, H. 8)

* Norbert **Enenkel**, Mit der „Elektrischen" durch die Stadt, in: Redieck & Schade (Hrsg.), VERSCHWUNDEN - VERGESSEN - BEWAHRT? Denkmale und Erbe der Rostocker Technikgeschichte, Rostock 1995

* Norbert **Enenkel**, Strandbahn Warnemünde - Markgrafenheide, in: Redieck & Schade (Hrsg.), VERSCHWUNDEN - VERGESSEN - BEWAHRT? Denkmale und Erbe der Rostocker Technikgeschichte, Rostock 1995

* Norbert **Gilson**, Die Vision der Einheit als Strategie der Krisenbewältigung? Georg Klingenbergs Konzeption für die Energieversorgung in Deutschland zu Beginn des 20. Jahrhunderts, in: Hans-Luidger Dienel (Hrsg.), Der Optimismus der Ingenieure. Triumph der Technik in der Krise der Moderne um 1900, Stuttgart 1998

* Kurt **Groppa**, Chronik. 111 Jahre Rostocker Straßenbahn. 88 Jahre elektrischer Betrieb. 66 Jahre Omnibusbetrieb (Hrsg. Rostocker Straßenbahn AG), Rostock 1991

* B. **Kammer**/I. Sens, Die Elektrizitätsversorgung der Stadt (Rostock), in: Redieck & Schade (Hrsg.), VERSCHWUNDEN - VERGESSEN - BEWAHRT? Denkmale und Erbe der Rostocker Technikgeschichte, Rostock 1995

* Wolf **Karge**, Das Bismarck-Reich und das industrielle Zeitalter in Mecklenburg, in: W. Karge/P.-J. Rakow/R. Wendt (Hrsg.), Ein Jahrtausend Mecklenburg und Vorpommern. Biographie einer norddeutschen Region in Einzeldarstellungen, Rostock 1995

* St. **Kohler**/F. Chr. Matthes/H. Martin, Neue Energiepolitik für Mecklenburg-Vorpommern, Schwerin 1992 (hrsg. v. der Friedrich-Ebert-Stiftung, Landesbüro Mecklenburg-Vorpommern)

* **KNG** – Kraftwerks- und Netzgesellschaft mbH., Chronik, Rostock o.J.

* **KNG** – Kraftwerk Rostock, Modernes Konzept für Strom und Wärme, Rostock o.J. <Selbstdarstellung>

* U. **Krüger**/J. Reich, Rostocks Energieversorgung - gestern, heute und morgen. Geschichte der Betriebe für Elektroenergie-, Gas- und Wärmeerzeugung und -verteilung, Leipzig 1969

* Ulrich **Krüger**, Sechs Jahrzehnte Elektroenergieübertragung. Von 110000 Volt zu 380000 Volt. Vorgeschichte und Geschichte des VEB Verbundnetz Elektroenergie, Berlin 1976

* Das **Märkische Elektricitätswerk**. Ein Überblick über die ersten 25 Jahre seiner Entwicklung, o.O. o.J. <1934>

* Heinz **Mieth**, Energie und Gesellschaft. Betrachtung zur Energiepolitik und Energiewirtschaft mit Beispielen aus dem Bezirk Rostock, Rostock o.J. <1978>

* W. **Pieritz**, Versorgung der Stadt Rostock mit Elektrischer Energie für Beleuchtungs- und gewerbliche Zwecke, in: Festschrift der XXVI. Versammlung des Deutschen Vereins für öffentliche Gesundheitspflege. Gewidmet von der Stadt Rostock, Rostock 1901

* **PreussenElektra** Aktiengesellschaft (Hrsg.), PreussenElektra Zeittafel, Hannover 1994

* **RWE** Energie Aktiengesellschaft, Kurzporträt, Essen o.J. <1999>

* Ingo **Sens**, Geschichte der Energieversorgung in Mecklenburg und Vorpommern von ihren Anfängen im 19. Jahrhundert bis zum Jahr 1990 (Hrsg. Hanseatische Energieversorgung AG Rostock), Rostock 1997

* Georg **Siegel**, Die Elektricitäts-Lieferungs-Gesellschaft Berlin. Ein Rückblick auf 25 Jahre ihrer Entwicklung, o.O. o.J.

* **Stadtwerke Rostock AG**. Alles ist regelbar - Mit uns können sie aufdrehen!, Rostock o.J. <Selbstdarstellung des Unternehmens>

* **VEAG** – VEREINIGTE ENERGIEWERKE AKTIENGESELLSCHAFT, Berlin o.J. <1997>

* **Wirtschaftsgruppe Elektrizitätsversorgung** der Reichsgruppe Energiewirtschaft der deutschen Wirtschaft Berlin (Hrsg.), Die Elektrizitätswirtschaft im Deutschen Reich 1937, Berlin 1938

Abkürzungen

AEG	Allgemeine Elektrizitäts-Gesellschaft
AG (auch: A.G. oder A.-G.)	Aktiengesellschaft
BAK	Bayernwerk Aktiengesellschaft
BD	Betriebsdirektion
BMEW	Brandenburgisch-Mecklenburgische Elektrizitätswerke Aktiengesellschaft
BRD	Bundesrepublik Deutschland
DDR	Deutsche Demokratische Republik
DWK	Deutsche Wirtschaftskommission
EKN	VEB Energiekombinat Nord
EKR	VEB Energiekombinat Rostock
ELG	Elektricitäts-Lieferungs-Gesellschaft
GmbH	Gesellschaft mit beschränkter Haftung
GuD	Gas- und Dampfturbinenkraftwerk
HEVAG	Hanseatische Energieversorgung Aktiengesellschaft
HKW	Heizkraftwerk
HWE	Heißwassererzeuger
KKW	Kernkraftwerk
KNG	Kraftwerks- und Netzgesellschaft mit beschränkter Haftung
KWU	Kommunales Wirtschaftsunternehmen
LEW	Mecklenburg-Schwerinsche Landes-Elektrizitäts-Werke
LPG	Landwirtschaftliche Produktionsgenossenschaft
MEW	Märkisches Elektricitätswerk
PE	PreussenElektra Aktiengesellschaft
RGW	Rat für gegenseitige Wirtschaftshilfe
RWE	Rheinisch-Westfälisches Elektrizitätswerk
SBZ	Sowjetische Besatzungszone in Deutschland
SEB	Siemens Elektrische Betriebe
ÜZ	Überlandzentrale
VEAG	Vereinigte Energiewerke Aktiengesellschaft
VEB	Volkseigener Betrieb
VVB	Vereinigung Volkseigener Betriebe (bis 1951) Verwaltung Volkseigener Betriebe (ab 1951)

ANMERKUNGEN

1. Warnemünder Bade-Anzeiger, Nr. 28 vom 18. August 1895

2. Berücksichtigt man allerdings nachfolgende Auffassung als Leitidee der dem technischen Fortschritt aufgeschlossenen Kreise in Mecklenburg: Wie die ersten sechs Jahrzehnte unsres Jahrhunderts das Zeitalter des Dampfes genannt worden sind, so wird man jedenfalls die letzteren Jahrzehnte desselben eins als die Aera der Elektrizität bezeichnen ..., dann verwundert die genannte Prognose kaum noch. < Allgemeiner Mecklenburgischer Anzeiger, Neubrandenburg, Nr. 55 vom 9. Mai 1883>

3. Die Elektrifizierung beider Mecklenburg (M.-Schwerin und M.-Strelitz) und auch Vorpommern kann als Beispiel für eine nicht industrielle Modernisierung von bzw. in Agrarregionen genommen werden, standen doch am Ende weitreichende Veränderungen des gesamten wirtschaftlichen, sozialen, politischen und kulturellen Lebens hierzulande - von der Technik ganz zu schweigen.

4. vgl. - Rostocker Anzeiger, Nr. 125 vom 31. Mai 1941

5. Rostocker Zeitung, Nr. 55 vom 3. Februar 1886 - Die Gesamtanlage wurde übrigens durch Alfred Tischbein, dem Rostocker Vertreter der Deutschen Edison-Gesellschaft, ausgeführt. Später unterhielt dieses Unternehmen, als Tischbein & Schwiedeps und AEG-Vertretung, selbst eine Blockstation und war eine gut laufende Installationsfirma.

6. Fr. Baumann, Mecklenburgische Landes-Gewerbe- und Industrie-Ausstellung. Rostock 1892, Rostock 1893, S. 63

7. So hatte Warnemünde 1907 14.381 registrierte Gäste. Das entsprach mehr als einem Drittel aller Badeurlauber Mecklenburgs (= 21.340) in jenem Jahr. 1910 war der Badeort mit 20.452 Badegästen hinter Swinemünde (ca. 40.000 Gäste) und Kolberg (28.700 Gäste) drittgrößtes deutsches Ostseebad. Vgl. W. Karge, Ostseebäder in Mecklenburg und Vorpommern vor dem ersten Weltkrieg, in: Ein Jahrtausend Mecklenburg und Vorpommern. Biographie einer norddeutschen Region in Einzeldarstellungen, hrsg. v. W. Karge, P.-J. Rakow und R. Wendt, Rostock 1995.

8. Um die Jahrhundertwende waren dies insgesamt 40 Bogen- und 126 Straßenlampen.

9. Archiv der Hansestadt Rostock. Sign. 1.1.12.2. - 1158: Übernahme des Ohloffschen Elektrizitätswerkes durch die Stadt (1906 - 1925)

10. Einige Vergrößerungen der Anlagen, besonders im Jahr 1907, schlossen sich aufgrund der günstigen Gesamtentwicklung des Werkes nach der Jahrhundertwende noch an.

11. Archiv der Hansestadt Rostock. Sign. 1.1.12.2. - 1216: Gewett Warnemünde. Dampfkessel in der Firma Oloffs (1895 - 1932)

12. So wandte sich bereits 1890 eine Generalvertretung der Deutschen Elektricitätswerke zu Aachen für die östl. Pr. Provinzen Erfurth & Sinell mit ihrer Vorlage an den E.E. Rath der Stadt Rostock betr. Errichtung einer Centralanlage für elektrische Beleuchtung und Kraftübertragung. An Einen Ehrwürdigen Rath der Stadt Rostock mit der Bitte, uns zur Concurrenz um eine solche Anlage für die Stadt Rostock wohlgeneigtest zulassen zu wollen. ... Denn, wie ihnen bekannt geworden sei, sind E.E. Rath Anträge gestellt betr. Einrichtung eines Centralwerkes für elektrische Beleuchtung und Kraftübertragung. <Archiv der Universität Rostock. Sign. 25/679: Vize-Kanzellariat „Gebäude - Instandhaltung u. techn. Anlagen. Elektrische Beleuchtung der Universität 1893 - 1900"

13. Es handelt sich hierbei um Auszüge aus: W. Pieritz, Versorgung der Stadt Rostock mit Elektrischer Energie für Beleuchtungs- und gewerbliche Zwecke, in: Festschrift der XXVI. Versammlung des Deutschen Vereins für öffentliche Gesundheitspflege. Gewidmet von der Stadt Rostock, Rostock 1901

14. Die Versorgung von Abnehmern im Landgebiet war durch die Regierung des Großherzogtums Mecklenburg-Schwerin genehmigungspflichtig. Die Entwicklungen im Deutschen Reich im allgemeinen und die im eigenen Staatsgebiet im besonderen aufmerksam beobachtend, erteilte sie ihre Zustimmung ohne größere Probleme, denn man trug sich bei Hofe mit dem Gedanken, das neue Rostocker Kraftwerk als Ausgangspunkt der Elektrifizierung eines großen Teiles des Landes zu nutzen. Folgerichtig verlangte man dann, als Rostock bereits 1912 weitere Leitungen auf dem flachen Land errichten wollte, die elektrische Erschließung des gesamten Ostens Mecklenburg-Schwerins. Dies war den Stadtvätern ein zu großes Risiko. Eine konsequente flächendeckende Elektrifizierung ländlicher Regionen wollten diese nicht übernehmen. Also entschlossen sie sich zu einem Zusammengehen mit einem Branchenriesen, der diese Auflage zu übernehmen bereit wäre. In der AEG fand man diesen Partner. 1913 verpachtete Rostock seine Erzeugungs- und Verteilungsanlagen auf 40 Jahre dem Unternehmen (Stadtvertrag). Dieses wiederum erhielt, verzögert durch die Verhandlungen und den Ausbruch des I. Weltkrieges, 1915 die Konzession zur Elektrifizierung Ostmecklenburg-Schwerins (Staatsvertrag). Der Westteil sollte übrigens durch eine Siemens-Tochter erschlossen werden. Mit der Betriebsführung in Rostock beauftragte die AEG ihre Tochter, die Elektricitäts-Lieferungs-Gesellschaft, Berlin (ELG), die schließlich 1921 ganz in den Pachtvertrag eintrat und bis 1945/46 in Rostock aktiv war.
Vgl. auch: Ingo Sens, Geschichte der Energieversorgung in Mecklenburg und Vorpommern, Rostock 1997

15. In den fünfziger und siebziger Jahren trugen sich die Verantwortlichen verschiedentlich mit dem Gedanken eines Abrisses, um an dieser Stelle ein „modernes" Bürogebäude errichten zu lassen. Zum Vorteil für die Stadt wurden diese Pläne nie realisiert. Von diesen übriggeblieben ist nur der 1952 bis 1955 als „Büro- und Kulturgebäude" errichtete Anbau. - 1992/1993 erfolgte unter Federführung der damaligen Hausherrin (bis Frühjahr 1999), der Hanseatischen Energieversorgung AG (HEVAG), eine umfassende Sanierung vor allem der alten Gebäudeteile.

16. Schreiben von w. Pieritz an das 𝔇irektorium der 𝔊as-, 𝔚asser- und 𝔈lektrizitätswerke 𝔑ostock vom 6. März 1909 <Archiv der e.dis Energie Nord AG - ehem. HEVAG-Archiv. SBG 14>

17. Heute beherbergt dieses Gebäude, das im II. Weltkrieg schwer beschädigt wurde. eine Zweigstelle der Universitätsbibliothek Rostocks. Dank der Einbauten (statische Veränderungen) aus den Tagen der Unterstation war es möglich, hier größere Bücherbestände einzulagern.

18. Zur Situation Rostocks infolge der Weltkriegszerstörungen: *Als der Zweite Weltkrieg sich in Europa dem Ende zuneigte, war Rostock schon seit Monaten von den Auswirkungen des Luftkrieges gezeichnet. Nachdem es schon 1940 und 1941 britische Luftangriffe auf Rostock und Warnemünde mit Toten und Verletzten sowie umfangreichen Sachschäden gegeber hatte, kam es im April 1942 zum sogenannten Viertagebombardement, bei dem neben der Rüstungsindustrie vor allem die engbebaute historische Innenstadt Angriffsziel war. Am Morgen des 27. April 1942 war Rostock die bislang schwerstzerstörte Stadt Deutschlands geworden. ... Am 9./10 Mai, am 1. Oktober 1942 sowie am 20./21. April 1943 folgten weitere britische Luftangriffe auf Rostock. Ab Sommer 1943 bombardieren Flugzeuge der 8. US Air Force die Stadt in Tagesangriffen aus großer Höhe. ... Die Luftangriffe vom 4. und 25. August 1944 waren die letzten, die die Rostocker im Zweiten Weltkrieg erleben mußten. ... Nach einer Erhebung der Stadtverwaltung von Rostock im Sommer 1945 zerstörten die Luftangriffe auf die Stadt 24,7 Prozent der Wohnhäuser, 42,2 Prozent der wirtschaftlich genutzten und 20 Prozent der öffentlichen Gebäude. Hinzu kam noch eine große Zahl von beschädigten Wohnungen, so daß die Zahl der zerstörten und bei Kriegsende noch beschädigten Wohnungen mit rund 15.000 ermittelt wurde.*
<H.-W. Bohl, Das Kriegsende in Rostock, in: 777 Jahre Rostock. Neue Beiträge zur Stadtgeschichte, hrsg. O. Pelc, Rostock 1995, S. 253>

19. Archiv der e.dis Energie Nord AG - ehem. HEVAG-Archiv. Reg.-Nr. 3632 <Bemerkung zu den Zahlen>

20. Die DDR-eigene Definition des Volkseigentums lautet: **Volkseigentum** - *gesellschaftliche Aneignung und Verfügungsgewalt über die Produktionsmittel und die Ergebnisse des Produktionsprozesses ... V. ist die konkrete Ausdrucksform des gesamtgesellschaftlichen Eigentums in der DDR. ...* **Volkseigentumsrecht** - *... Als staatliches Eigentumsrecht ... verkörpert das V. die umfassende Rechtsmacht des sozialistischen Staates über das Volkseigentum; ihm sind alle hierzu gehörenden Vermögenswerte rechtlich zugeordnet.*
<Ökonomisches Lexikon Bd. 3 Q - Z, Berlin 31980 - Stichworte: Volkseigentum und Volkseigentumsrecht>

21. VVB steht für Vereinigung volkseigener Betriebe und <Z> für zonal (= zentral). VVB gab es auch auf Länderebene. Sie firmierten als VVB <L>.

22. Mit dieser „Übertragung" ist ein tragisches persönliches Schicksal verbunden: Einer der wichtigsten Protagonisten der Reorganisation der Rostocker Stadtwerke war der Martin Müller, alter Sozialdemokrat, KZ-Häftling und seit Frühjahr 1946 zwangsvereinigtes SED-Mitglied. Müller war Stadtrat und für die Energie- und Wasserversorgung Rostocks zuständig. Im Sommer 1945 war er maßgeblich an der (Re-)Organisation der Stadtwerke beteiligt. Er betrieb die Sequestration der ELC in Rostock und die Rückführung des Kraftwerkes Bramow in städtische Verwaltung im Frühjahr 1946. Als sich dann im Frühjahr 1948 die kommenden Veränderungen in der SBZ-Volkswirtschaft (Verstaatlichungen) abzuzeichnen begannen, leistete er - ein Vorkämpfer kommunaler Selbstverwaltung und ahnend, daß die Beendigung der Kontrolle der Energieversorgung durch die Städte nur ein Anfang sei - massiven Widerstand gegen die „Übertragung" dieses Kraftwerkes in zonale Verwaltung. Das erregte den großen Unmut der Verantwortlichen sowohl in Schwerin als auch in Berlin. Er erhielt dabei Rückendeckung vom Rostocker Oberbürgermeister Albert Schulz, ebenfalls ein alter Sozialdemokrat. - An dieser Stelle sei angemerkt, daß die Rostocker SPD unter u.a. unter dessen Führung und mit großer Mehrheit gegen die Vereinigung mit der KPD gewesen war. - Schulz und Müller mußten weg. Um seiner Deportation in die UdSSR zu entgehen, verließ Ersterer - nachdem er auf „Beschluß" der SED-Landesleitung als Oberbürgermeister abgesetzt worden war - Rostock „bei Nacht und Nebel" in Richtung Westen. Müller dagegen harrte aus. Das wurde ihm zum Verhängnis. Man machte ihm Prozeß. Unter der Anklage der Veruntreuung verurteilte man ihn in einem Schauprozeß am 22. März 1950 zu drei Jahren Zuchthaus. Als verfemter und gebrochener Mann starb er 1965.

23. Institut für Energieversorgung Dresden. Betriebsteil Berlin, Heizkraftwerk Rostock-Marienehe <Kraftwerkspaß>, S. 17 <Archiv der e.d s Energie Nord AG - ehem. HEVAG-Archiv. SBG 549>
Zu den Turbinen heißt es in diesem Papier u.a.: *Zur 2. Ausbaustufe gehört eine Heiz-Entnahme-Gegendruck-Turbine vom Typ 60-90/0,8/0,4. Der Hersteller ist der VEB Bergmann-Borsig/Görlitzer Maschinenbau Berlin. Die projektierte Leistung der Turbine beträgt 55/60 MW, die minimale Leistung 6 MW.*
Die Turbine ist als eingehäusige Turbine für 2stufige Heißwasseraufwärmung ausgeführt und arbeitet nach dem Gleichdruckprinzip.
Der Frischdampf strömt der Turbine über 2 Federkrümmer mit auswechselbaren Dampfsieben und 2 Frischdampfventilkästen ... zu. ...
Der Turbinenrotor ist ein Einstückläufer, der keine geschrumpften Bauteile besitzt. Der starr gekuppelte Wellenstrang (Turbine - Generator) wird 4fach gelagert ... <ebd., S. 33>

24. ebd., S. 17 - 18

25. KNG Kraftwerk Rostock, Modernes Konzept für Strom und Wärme

26. Die DWK war eine zentrale deutsche Behörde in der SBZ und die Vorläuferin der späteren DDR-Regierung. Sie sollte die Arbeit der einzelnen Zentralverwaltungen zusammenfassen und koordinieren sowie die Wirtschaftsplanung ausbauen. Gleichzeitig

hatte sie die Aufgabe, die häufigen Kompetenzstreitigkeiten zwischen den gewählten Länderregierungen und den Zentralverwaltungen künftig zu verhindern. Seit ihrer Reorganisation am 9. März 1948 konnte die DWK allen Behörden der SBZ verbindliche Regelungen vorschreiben. Die von ihr erlassenen Gesetze und Verordnungen waren denen der Länder *übergeordnet*. Dadurch wurde allerdings deren Bewegungsfreiheit zusätzlich eingeschränkt. Auch die nur geringen Möglichkeiten der kommunalen Selbstverwaltung erfuhren so eine weitere Aushöhlung. – Dies alles waren wichtige Schritte im Ausbau eines administrativen Zentralismus.

27. Als Bespiel: Die Brandenburgisch-Mecklenburgischen Elektrizitätswerke (BMEW) – so hieß das MEW seit 1947 – waren eine Aktiengesellschaft in ausschließlich öffentlicher Hand. Hauptaktionäre waren die beiden Länder Brandenburg und Mecklenburg(-Vorpommern). Der Vorstand des Unternehmens wurde durch den Aufsichtsrat - der von der brandenburgischen Landesregierung geleitet wurde (Stellvertreter aus Mecklenburg) - nach Kompetenzkriterien bestellt. Damit konnten beide Landesregierungen trotz zentraler Weisungen (Kontigente, Abschaltungen etc.) ausreichend Einfluß auf das BMEW als ihrem Landesversorger ausüben. Mit der Gründung des Energiebezirkes Nord VVB <Z> ging dieser verloren. Der Energiebezirk unterstand nur noch zentralen Einrichtungen in Berlin.

28. Z.B. war die bis vor wenigen Monaten vorzufindende Struktur der regionalen Elektrizitätsversorgung in diesen Bezirken begründet, obwohl es diese selbst seit 1990 nicht mehr gibt.

29. H. Almers, Elektroenergieversorgung in der Deutschen Demokratischen Republik, Berlin 1959, S. 12

30. Abschrift aus der Täglichen Rundschau, Nr. 55 vom 17. Juli 1945 <Archiv der e.dis Energie Nord AG – ehem. HEVAG-Archiv. SBG 454>

31. Zentrumsnah: Reutershagen, Südstadt
    Nordwesten: Lütten Klein, Evershagen, Lichtenhagen, Schmarl, Groß Klein
    Nordosten: Dierkow, Toitenwinkel
    Weitere Neubaugebiete, wie Gehlsdorf (Nordosten) oder Sieverhagen (Westen) waren in der Planung.

32. VEB Energiekombinat Rostock, Veredlungskonzeption des VEB Energiekombinat Rostock für den Zeitraum 1986 - 90 (November 1985) <Archiv der e.dis Energie Nord AG, ehem. HEVAG-Archiv. Reg. K(PW) 13>

33. VEB Energiekombinat Rostock, Referat „Konferenz zur Durchsetzung des wissenschaftlich-technischen Fortschritts in der qualitativ neuen Etappe der Umsetzung der ökonomischen Strategie der SED im VEB EKR (Intensivierungskonferenz am Freitag, 21. November 1986)" <Archiv der e.dis Energie Nord AG, ehem. HEVAG-Archiv. Reg. K(PW) 13> - Hervorhebung durch den Autoren.

34. VEB Energiekombinat Rostock, Arbeitsmaterial zur Entwicklung der energetischen Versorgung im Bezirk Rostock bis zum Jahre 2.000 (1987) <Archiv der e.dis Energie Nord AG, ehem. HEVAG-Archiv. Reg. K(PW) 13>

35. ebd.

36. Zusammen mit der KNG wurde am 23. März 1990 die sog. Energieobjektgesellschaft, Berlin (EOG), gegründet. Sie hatte fast die selben Unternehmensmütter wie die KNG. Die EOG sollte mit der KNG arbeitsteilig zusammenwirken, indem sie andere „Energieobjekte" betreute, so zum Beispiel das zu errichtende Pumpspeicherwerk Goldisthal.

37. *Die Intrac Handelsgesellschaft mbH mit Sitz in Berlin hat vorrangig den Handel mit Rohstoffen, Energieträgern und Energie zum Gegenstand. ... Die Mitarbeiterzahl beträgt 540. Die Intrac Handelsgesellschaft mbH kauft gegenwärtig jährlich ca. 1,4 Mrd kWh Elektroenergie zum Einsatz in der DDR. Sie ist damit am Gesamtstromverbrauch mit ca. 1,17 % beteiligt.* <Genehmigung der Gründung der KNG durch den Ministerrat der DDR vom 12. April 1990. KNG, Registratur>

38. Antrag auf Genehmigung eines Gemeinschaftsunternehmens der Antragsteller (Kombinat Kernkraftwerke, Kombinat Braunkohlenkraftwerke, Kombinat Verbundnetze Energie, Energiekombinat Rostock, Intrac Handels-GmbH., PreussenElektra AG, Bayernwerk AG) vom 1. März 1990 <KNG, Registratur>

39. Diskussionsmaterial – Vorschläge für ein neues Energie-Konzept der DDR <Archiv der E-A-G>

40. Ergebnisbericht des Erfahrungsaustausches zwischen Preussen Elektra (BRD, Schleswag (BRD) und die VEB Energiekombinaten Rostock, Schwerin, Neubrandenburg (DDR) am 16./17. Januar 1990 in Rostock <e.dis-Archiv, ehem. HEVAG-Archiv. Reg. J/PW 20000, Bd. 10>

41. ebd.

42. Kooperationsvereinbarung zwischen PreussenElektra AG/Bayernwerk AG und dem VEB Energiekombinat Rostock vom 14. März 1990, § 1. <Archiv der e.dis Energie Nord AG, ehem. HEVAG-Archiv. Reg. K/PW 20000, Bd. 10>

43. ebd., § 2

44. In der Vereinbarung heißt es dazu: *Die Partner werden zu Verwirklichung des Vertragszweckes unverzüglich Arbeitsgruppen bilden. In diesem Rahmen gibt PE/BAG dem EK Unterstützung bei der Umwandlung von einem volkseigenen Betrieb in eine Kapitalgesellschaft. Nach Abschluß des Verfahrens bzw. Gründung des Energieversorgungsunternehmens Rostock als Kapitalgesellschaft werden beide Partner die Möglichkeiten und Voraussetzungen für die Bildung einer gemeinsamen Kapitalgesellschaft und von Gemeinschaftsunternehmen ... im Rahmen ihrer Tätigkeit untersuchen.* <ebd., § 3>

45. vgl., VEB Energiekombinat Rostock - Generaldirektor, Protokoll der Grundsatzberatung des GD EKR mit den Interessenvertretern der Belegschaft des Stammbetriebes des EKR vom 28.03.1990. <Archiv der e.dis Energie Nord AG, ehem. HEVAG-Archiv. Reg. K/PW 20000, Bd. 10>

46. vgl. ebd.

47. Gesellschaftsvertrag der KNG, § 4 <KNG - Kraftwerk Rostock, Registratur>

48. ebd., § 13

49. ebd., § 11

50. Absichtserklärung vom 12. Februar 1990 < KNG, Registratur>

51. Registerauszug < KNG Registratur >

52. Unterlagen zur 2. Gesellschafterversammlung der KNG am 19. Oktober 1990 <KNG, Registratur>

53. Prokoll der 2. Gesellschafterversammlung der Kraftwerks- und Netzgesellschaft mbH (KNG) am 19. Oktober 1990 in Düsseldorf <KNG, Registratur>

54. KNG-Prüfbericht für 1991 <KNG, Registratur>

55. KNG Kraftwerks- und Netzgesellschaft mbH Berlin - Prüfung des Jahresabschlusses zum 31. Dezember 1994 - Bericht der C&L Treuhand Deutsche Revision <KNG, Registratur>

56. KNG Kraftwerk Rostock, Presse-Information. 5 Jahre Stromerzeugung Kraftwerk Rostock <1999>

57. VEB Energiekombinat Rostock - Generaldirektor, Diskussionsgrundlage über die Grundrichtungen der Energieversorgungsstrategie des Ostseebezirkes der DDR für den „Runden Tisch Bezirk Rostock" am 6.2.1990 <Archiv der e.dis Energie Nord AG, ehem. HEVAG-Archiv>

58. Im Papier handschriftlich korrigiert auf 1994!

59. ebd.

60. Unterlagen zur 2. Gesellschafterversammlung der KNG am 19. Oktober 1990 <KNG, Registratur>

61. ebd.

62. Rostock extra vom 23. Februar 1994 - Über die Richtigkeit der gemachten Aussagen kann sich der gewogene und informierte Leser ein eigenes Urteil bilden.

63. KNG - Kraftwerk Rostock, Modernes Konzept für Strom und Wärme, Rostock o.J. S. 2

64. KNG Kraftwerks- und Netzgesellschaft mbH Berlin - Prüfung des Jahresabschlusses zum 31. Dezember 1995 - Lagebericht <KNG, Registratur>

65. Bericht über das Geschäftsjahr vom 1. Januar bis 31. Dezember 1993 <KNG - Kraftwerk Rostock, Registratur>

66. vgl. Ostsee-Zeitung - Rostocker Zeitung - vom 16. Februar 1999, S. 13

IMPRESSIONEN

> Die Deutsche Bibliothek – CIP-Einheitsaufnahme
> Ein Titeldatensatz für diese Publikation
> ist bei der Deutschen Bibliothek erhältlich

Impressum:

Ingo Sens
Rostock als Kraftwerksstandort
Chronik des Steinkohlekraftwerks Rostock
Ein Beitrag zur Industrie- und Technikgeschichte der Region

© by Neuer Hochschulschriftenverlag Dr. Ingo Koch & Co. KG
Warnowufer 30
18057 Rostock

Layout und Satz, Umschlag: Satz & Typo.
Druck: sickinger DIGITAL&OFFSETDRUCK, Satow
Rostock 2000
ISBN 3-935319-03-7